数学都知道3

蒋 迅 王淑红◎著

北京师范大学出版集团
BEIJING NORMAL UNIVERSITY PUBLISHING GROUP
北京师范大学出版社

图书在版编目(CIP)数据

数学都知道 .3/蒋迅，王淑红著. —北京：北京师范大学
出版社，2016.12(2018.6 重印)
（牛顿科学馆）
ISBN 978-7-303-20950-7

Ⅰ. ①数… Ⅱ. ①蒋… ②王… Ⅲ. ①数学－普及读物
Ⅳ. ①O1-49

中国版本图书馆 CIP 数据核字(2016)第 170615 号

营 销 中 心 电 话　010-58805072　58807651
北师大出版社学术著作与大众读物分社　http://xueda. bnup. com

SHUXUE DUZHIDAO 3
出版发行：北京师范大学出版社 www. bnup. com
　　　　　北京市海淀区新街口外大街 19 号
　　　　　邮政编码：100875
印　　刷：大厂回族自治县正兴印务有限公司
经　　销：全国新华书店
开　　本：890 mm×1240 mm　1/32
印　　张：9.5
字　　数：220 千字
版　　次：2016 年 12 月第 1 版
印　　次：2018 年 6 月第 3 次印刷
定　　价：35.00 元

策划编辑：岳昌庆　　　　　责任编辑：岳昌庆　谢子玥
美术编辑：王齐云　　　　　装帧设计：王齐云
责任校对：陈 民　　　　　责任印制：马 洁

数学都知道

王梓坤题

2016.6

中国科学院院士、曾任北京师范大学校长（1984～1989）的王梓坤教授为本书题字。

序　言

　　我们与《数学都知道》的第一作者蒋迅相识于改革开放之初。那时他是高中毕业直接考入北京师范大学的 1978 级学生，我们是荒废了 12 年学业，在 1978 年初入校的"文化大革命"后首批研究生。王昆扬为 1977 级、1978 级本科生的"泛函分析"课程担任辅导教师。

　　蒋迅无疑是传统意义上的好学生，勤奋上进，刻苦认真。他的父母都是数学工作者，前者潜心教书，一丝不苟；后者热情开朗，乐于助人，在同事中口碑甚好。在一个人的成长过程中，家庭的潜移默化即便不是决定性的，也是至关重要的一个因素。蒋迅选择学习数学，或许有这一因素。

　　本科毕业后，蒋迅报考了研究生，师从我国著名的函数逼近论专家孙永生教授。恰逢王昆扬在孙先生的指导下攻读博士学位，于是便有了共同的讨论班及外出参加学术会议的机会，切磋学问。在这以后，与当年诸多研究生一样，蒋迅选择了出国深造，得到孙先生的支持。他在马里兰大学数学系获得博士学位，留在美国工作。

　　由于计算机的蓬勃兴起，那个年代留在美国的中国学生大多数选择了计算机行业，数学博士概莫能外。由于良好的数学功底，他们具有明显的优势。蒋迅现在美国的一个研究机构从事科学计算，至今已有十五六年。

尽管已经改行，但蒋迅热爱数学的初衷终是未能改变。本套书第 2 册第十章"俄国天才数学家切比雪夫和切比雪夫多项式"介绍了函数逼近论的奠基人及其最著名的一项成果，可以看作蒋迅对纯数学的眷恋与敬意。孙永生先生的在天之灵如有感知，一定会高兴的。

蒋迅笔耕不辍，对祖国的数学普及工作倾注了极大的心血。几年前，张英伯邀请他为数学教育写点东西，于是他在科学网上开辟了一个数学博客"天空中的一个模式"，本书的标题"数学都知道"便取自他的博客中广受欢迎的一个栏目。书中集结了他多年来发表在自己的博客、《数学文化》《科学》等报纸杂志上以及一些新写的文章。

本套书的第二作者是我国数学史领域的一位后起之秀王淑红。她将到不惑之年，已经发表论文 30 余篇，主持过国家自然科学基金和省级基金项目，堪称前途无量。据她讲，她受到蒋迅很大的影响，在后者的指导下，参与撰写了本套书的部分章节和段落，与蒋迅共同完成了本套书的写作。

本套书的内容涉猎广泛，部分文章用深入浅出的语言介绍高等和初等的数学概念，比如牛顿分形、爱因斯坦广义相对论、优化管理与线性规划、对数、π 与 $\sqrt{2}$ 等。部分文章侧重数学与生活、艺术的关系，充满了趣味性，比如雪花、钟表、切蛋糕、音乐与绘画等。特别应该指出的是，由于长期生活在美国，蒋迅得以准确地向读者介绍那里发生的事情，比如奥巴马总统与 6 位为美国赢得奥数金牌的中学生一起测量白宫椭圆形总统办公室的焦距、美国的奥数与数学竞赛、美国的数学推广月等。在全书的最后，他介绍了华裔菲尔兹奖得主陶哲轩的博客以及一位值得敬重的旅美数学家杨同海。

全书文笔平实、优美，参考文献翔实，是一套优秀的数学科普著作。

北京师范大学数学科学学院
张英伯①、王昆扬②
2016 年 6 月

---

① 张英伯 北京师范大学数学科学学院教授，理学博士，博士生导师。1991 年获教育部科技进步奖。曾任中国数学会常务理事，基础教育委员会主任，国际数学教育委员会执行委员，北京师范大学数学系学术委员会主任，《数学通报》主编。

② 王昆扬 北京师范大学数学科学学院教授，理学博士，博士生导师。1989 年获国家教委科技进步一等奖和国家自然科学四等奖。2001 年获全国模范教师称号，2008 年获高等学校教学名师称号。

前　言

　　中国航天之父钱学森先生曾问:"为什么我们的学校总是培养不出杰出的人才?"仅此一问,激起了我们若干的反思与醒悟。综观发达国家的教育,无不重视文化的构建和熏陶以及个人兴趣的培养,并且卓有成效,因此,良好科学文化氛围的培育是人才产出和生长的土壤,唤醒、激励和鼓舞人们对科学的热爱是人才培养中不可或缺的一环。数学王子高斯曾言:"数学是科学的女王。"因此,数学文化在科学文化的构建和培育中不仅占有一席之地,而且是重中之重。

　　数学作为一种文化,包括数学的思想、精神、方法、观点、语言及其形成和发展,也包括数学家、数学美、数学史、数学教育、数学发展中的人文成分、数学与社会的联系以及数学与各种文化的关系等。自古以来,数学与文化就相互依存、相互交融、共同演化、协调发展。但在过去的 600 多年里,数学逐渐从人文艺术的核心领域游离出来,特别是在 20 世纪初,数学就像一个在文化丛林中迷失的孤儿,一度存有严重的孤立主义倾向。在我们的数学教学中,数学也变成一些定义、公式、定理、证明的堆砌,失去了数学原本的人文内涵、意趣和华彩。

　　幸运的是,很多有真知灼见的大数学家们对此已有强烈的意识和责任感,正在通过出版书籍、发表文章、开设数学文化课程、创办数学文化类杂志、网站等一系列举措来努力唤醒数学的文化属性，使其发挥应有的知识底蕴价值和人文艺术魅力。中国科学院院士李大潜教授在第十届"苏步青数学教育奖"颁奖仪式上特别指出："数学不能只讲定义、公式和定理，数学教育还要注重人文内涵。数学教育要做好最根本的三件事：数学知识的来龙去脉、数学的精神实质和思想方法、数学的人文内涵。"

我们对此亦有强烈共鸣，数学与人文本是珠联璧合、相得益彰的，数学教育者理所应当要注重在数学教学中播撒人文旨趣，丰盈学生的人文精神世界。本系列书选取一些典型且富有特色的与生活实际和现实应用有关的数学问题，并紧紧围绕数学这一主题，自然延伸到与之交叉、渗透的若干领域和方面，试图通过新颖雅致的内容、简练清晰的文字、弥足珍贵的图片、趣味十足而又颇具启发性的问题等，竭力呈献给读者一幅幅数学与生活、数学与科技、数学与艺术、数学与教育等共通互融的立体水墨，以期对弥合数学与文化之间的疏离贡献一点光和热。

生活中处处有数学。当你在寒冷的冬季看到纷纷扬扬的雪花，吟哦诗人徐志摩的动人雪花诗篇时，是否想过雪花的形状有多少种？它们是在什么条件下形成的？它们能否在计算机上模拟？能否用数学工具来彻底解决雪花形成的奥秘？

当你倾听美妙的音乐或弹奏乐器时，是否想过数学与音乐的关系？数学家与音乐的关系？乐器与数学的关系？相对论的发明人爱因斯坦说过："这个世界可以由音乐的音符组成，也可由数学的公式组成。"实际上，数学与音乐是两个不可分割的魂灵，很多数学家具有超乎寻常的音乐修为，很多数学的形成和发展都与音乐密不可分。

当你提起画笔时，是否想过有人用笔画出了高深的数学？是否想过画家借助数学有了传世的画作？是否想过数学漫画在科学普及中的独特功用？

当你开车在路上、漫步在街道、徜徉在人海时，是否仔细留意过路牌、建筑、雕塑等？是否在其中品出过数学的味道？我们在本系列书中会带给大家这种随处与数学偶遇的新鲜体验。

数学并不是干瘪无味的，其具有自身的内涵和气韵。数学虽然并不总是以应用为目的，但是数学与应用的关系却是非常密切的。在本系列书中，我们会介绍一些生动有趣的数学问题以及别开生面的数学应用。

数学的传播和交流十分重要。英国哲学家培根曾指出："科技的力量不仅取决于它自身价值的大小，更取决于它是否被传播以及被传播的广度与深度。"我们特意选取几个国外独具特色的交流活动，进行隆重介绍，也在书里间或推介其他一些中外数学写手，以期能对国内的数学普及活动有所启示和借鉴。

英年早逝的挪威数学家阿贝尔说："向大师们学习。"培根说："历史使人明智。"我们专门或穿插介绍了一些史实和数学家的奇闻逸事，希望读者能够沐浴到数学家的伟大人格和光辉思想，从而受到精神的洗礼和有益的启迪。

在岳昌庆副编审的建议下，本系列书先期发行三册，每册的正文包含 15 章左右。第 1 册的内容主要侧重于数学与艺术和生活的关系等；第 2 册的内容主要侧重于一些生动有趣的数学问题和数学活动等；第 3 册的内容主要侧重于数学的应用等。下面是各册的主要篇目。

【第 1 册】

第一章　雪花里的数学

第二章　路牌上的数学、计算游戏 Numenko 和幻方

第三章　钟表上的数学与艺术

我们可能都注意到，幼小的儿童常常最具有想象力，而随着在学校的学习，他们的知识增加了，但想象力却可能下降了。很遗憾，学习的过程就是一个产生思维定式的过程，不可避免。教师和家长所能做的就是让这个过程变成一个形成—打破—再形成—再打破的过程。让学生认识到，学习的过程需要随时从不同的角度去思考，去看事物的另一面。本系列书希望给学生、教师和家长提供打破这个循环的一个参考。

特别需要提醒读者的是，我们的行文描述并不仅仅停留在问题的表面，我们会通过自己多年积累的研究和观察，将它们从纵向推进到问题的前沿，从横向尽可能使之与更多问题相联系，其中不乏我们的新思维、新视角和新成果。数学的累积特性明显，数学大厦的搭建并非一日之功。通常来讲，为数不多的具有雄才大略的数学家，高瞻远瞩地搭建起数学的框架，描绘出数学的宏伟蓝图。那么，人们如何去把这个框架填充起来？该填充些什么？又该如何去扩展？我们花费心思，在本系列书中给出了大量的扩展思考(用符号 Q 表示)和相关问题(用符号 题 表示)，其目的就是希望给读者一个提示或指引，希望读者学会联想和引申思考，增强阅读的主动性，从而发现潜在的研究课题。这也是本系列书的一大特色。需要说明的是，这些题目有难有易，即便不会也无妨碍，仅作学习和教学的参考未尝不可。

我们在每一个章末都注有参考文献，每一册末编制了人名索引(不包括尚健在的华裔和中国人)，以便于读者参阅和延伸阅读。在行文中也会注意渗透我们的哲思和体悟，用发自内心的情感来感染读者，希望读者能够有所体会和领悟。

数学应该是全民的事业。数学的传播应该由大家一起来完成。社会媒体的出现为我们提供了一个前所未有的机遇。实际上，本系列书的缘起要从第一著者在科学网开办"数学都知道"专栏谈起。自2010年起，第一著者在科学网开设了博客，着重传播数学和科学内容，设有"数学文化""数学都知道""够数学的"等几个专栏。其中"数学都知道"专栏相对更受欢迎一些。我们将在每册的附录里对这个专栏作较为深入的介绍。需要强调的是，这个专栏与本系列书有本质的不同。"数学都知道"专栏是一个数学信息的传播渠道，属于摘抄的范畴，而本系列书则是我们两人多年来数学笔耕的结晶。除了已公开发表的文章外,本系列书不少章节是从未发表过的。但由于这个专栏的成功,我们在此借用它作为本系列书的书名。在此,感谢科学网提供博客平台,也感谢科学网编辑的支持!

在本系列书中,我们试图把读者群扩大到尽可能大的范围,所以对数学知识的要求从小学、初中到大学、研究生的水平都有。本系列书可以作为综合大学、师范院校等各专业数学文化和数学史课程的参考书,供数学工作者、数学教育工作者、数学史工作者、其他科技工作者以及学生使用,也可以作为普及读物,供广大的读者朋友们阅读,对想了解数学前沿的研究生亦开卷有益。

本系列书含有许多图片。对于非著者创作的图片,我们遵循维基百科的使用规则和原著者的授权;对于著者自己提供的图片,遵循创作共用授权相同方式共享(Creative Commons license-share-alike)。本系列书所有章节都参考了维基百科上的内容。为避免重复,我们没有在各章的参考文献中列出。

虽然第一著者现在已经不再专门从事数学的教育和研究工作,但出于对数学难以割舍的情感而在业余时间里继续写作数学科普小品文。在一定的积累之后,著书的想法已然在心里萌生。最终决定与同为数学专业的第二著者一起合作本系列书,更多地是为了心灵的安宁,为了心智的荣耀。而我们是否能最终得到这份安宁和荣耀,则要请读者来给予评判。

寒来暑往韶华过,春华秋实梦依在。我们说有一颗怎样的心就会有怎样的情怀,有怎样的情怀就会做怎样的梦。如果读者在阅读本系列书时,能感受到我们的满腔赤诚,将是对我们最大的褒奖!如果读者在阅读中有所收获,将是对我们莫大的慰藉!如果全社会能营造起良好的数学文化氛围,相信"钱老之问"就有了解决的一丝希望。腹有诗书气自华，最是书香能致远。衷心希望本系列书对读者有所裨益！

由于本系列书涵盖的内容十分广泛，有些甚至是尖端科技领域，限于著者水平，错误和疏漏在所难免，我们真诚地欢迎广大读者朋友们予以批评和指正，以便我们进一步更正和改进。

在本系列书即将付梓之时，我们首先衷心感谢王梓坤先生为本书题字。王先生虽然高龄，但在我们提出请求后的当天就手书了五个书名供我们挑选。衷心感谢为本系列书提出宝贵建议和意见的专家和学者们！衷心感谢张英伯、王昆扬教授一如既往的大力支持和无私惠助；衷心感谢母校老师对我们的悉心培养！衷心感谢《数学文化》编辑部所有老师对我们的厚爱；第一著者借此机会衷心感谢他的导师孙永生先生的谆谆教诲。孙先生已经离开了我们，但是他对第一著者在数学上的指导和在如何做人方面的引导是第一著者终生的财富。还要衷心感谢科学网博客和新浪微博上的诸多网友，特别是科学网博客的徐传胜、王伟华、李泳、程代展、王永晖、李建华、曹广福、梁进、杨正瓴、张天蓉、武际可和新浪微博的"万精油①墨绿"、数学与艺术 MaA、ouyangshx、哆嗒数学网等网友。我们通过他（她）们获得了一些写作的灵感和素材。衷心感谢北京师范大学出版社张其友编审的大力支持和热心帮助！衷心感谢北京师范大学出版社负责本系列书出版的领导和老师们！

最后，衷心感谢我们的家人给予的温暖支持！

蒋迅，王淑红

2016 年 3 月

---

① 此处为笔名或网名。全套书下同。

目　录

第一章 阿波罗登月中的功臣数学家阿仁斯道夫

在 2013 年，一件轰动数学界特别是中国数学界的事件是，一位不太为人知的时年 58 岁的数学家张益唐证明了一个弱形式的孪生素数猜想：存在无穷多个之差小于 7 000 万的素数对。张益唐的成果让很多追求这个终极目标的数学家们又重新燃起了希望，此后，数学家们迅速将 7 000 万降到了 246。

张益唐的生活从此改变：学校从合同工讲师把他立马提升到正教授，各种奖励接踵而来，各大名校纷纷邀请他加盟，中国数学界对其盛情邀请。常人们则把话题的焦点集中在了张益唐这样做是否值得的问题上：万一他一辈子都做不出这样的结果来，那他一辈子可能就是一个大学合同工讲师。在我们回答这个问题之前，先请读者来看另一个人的故事。
这个人也试图攻下孪生素数猜想，曾经以为自己成功了，但终究以失败而告终。如果他地下有知张益唐的研究成果会做何感想呢？他就是美国范德堡大学的数学家阿仁斯道夫教授（如图1.1）。

图 **1.1** 阿仁斯道夫(1966 年)

阿仁斯道夫 1929 年 11 月 7 日在德国汉堡出生。他的德文名字是 Richard Franz Joseph Schulz-Arenstorff.

对于他，我们知道的很少。可能因为他是一个德国人，英文的资料很少，但维基百科上居然没有他的德文条目，让我们有些惊讶。经过一番费力的搜索和查询，我们只能得到如下的信息：阿仁斯道夫的父亲在他幼年的时候就独自离开了德国，母亲则因反对法西斯而死在了纳粹的监狱里。他由养父母抚养成人。高中毕业后，他进入了汉堡大学数学系学习，后转学哥廷根大学。在汉堡读书期间，他认识了同系的曼泽克。他们经过三年的拉锯式恋爱，终于走进了婚姻的殿堂。阿仁斯道夫于 1952 年和 1954 年分别获得哥廷根大学数学学士和硕士学位，1956 年在美茵茨大学（如图 1.2）罗巴赫教授的指导下获得博士学位。他的论文题目是《实二次数域剩余类上的素数的二维分布》。这属于解析数论的范畴。因为他大量使用了复变函数的方法，所以掌握了娴熟的复分析技巧。在这一点上，他的工作很类似于用黎曼 ζ 函数于数论的思路。我们推荐读者阅读卢昌海的精彩科普文章《黎曼猜想漫谈》。

图 1.2　美茵茨大学

阿仁斯道夫的导师罗巴赫不算是一个大数学家。罗巴赫 1932 年从柏林大学获得博士学位，主要研究领域是堆垒数论。第二次世界大战期间他参加了纳粹党，甚至冲锋队，但又不被信任，因为他与一些犹太裔的同事保持良好关系。由于他的专业是数论，他被调到纳粹解码部门，曾经成功解开了美国驻柏林使馆的通讯。这一点上，他与图灵做的很相似，但他的名气则完全不能和图灵相比。第二次世界大战结束后，他改信基督教，在这方面花了大量时间。不知阿仁斯道夫怎么会到美茵茨大学去找这样一位导师。几乎可以肯定的是，他已经意识到了这位导师不是太在行，所以有意把哥廷根大学的著名数论专家西格尔请进自己的博士学位委员会里。一种可能就是他本来是想跟西格尔的，但是西格尔在1956年之后不再收学生（他的最后一个博士生毕业于1957年）。尽管没能成为西格尔指导的学生，西格尔对阿仁斯道夫的影响还是很大的。我们在阿仁斯道夫的博士论文中可以看到许多西格尔的思想。而另一个重要的影响是西格尔在天体力学方面的工作，特别是三体问题。这应该是阿仁斯道夫后来搞起了弹道导弹和卫星轨道问题的重要原因。

　　获得博士学位后，阿仁斯道夫回到了哥廷根。正好这时，美国到德国搜罗人才，一个三人小组找到了他。1957年，在得到了丰厚的房车许愿之后，阿仁斯道夫接受了陆军弹道导弹局（Army Ballistic Missile Agency，ABMA）的非军事编制的科学家任命（如图1.3），他带领妻子和一个刚刚出生的儿子移民美国。1960年在归化为美国公民时把全家的姓简化成了Arenstorf，显然是为了纪念他的英雄母亲。这个陆军弹道导弹局是个什么单位呢？ABMA成立于1956年2月。它的技术主任就是大名鼎鼎的德国V1和V2火箭的总设计师布劳恩。"PGM－11红石（Redstone）"是ABMA的第一个重要项目，基本上是V2火箭的继续。美国海军研究实验室搞的第一个发射卫星的"先驱计划"失败后，布劳恩搞的中程弹道导弹 IRBM"丘比特-C 型火箭"正好适用于发射美国第一颗人造卫星的"朱诺一号运载火箭"的设计要求。1956 年 9 月，美国使用"丘比特-C 型火箭"成功发射了一个卫星模型。人们普遍认为，如果当时美国政府允许搭载真的卫星的话，那世界上第一颗人造卫星就不是苏联人发射的"斯普特尼克 1 号"卫星了。1958 年 1 月，"丘比特-C 型火箭"将美国第一颗人造卫星"探险者 1 号"送入地球轨道。阿仁斯道夫就是在这样一个大环境中加入了布劳恩的团队的。1960 年，ABMA 被合并到 NASA，阿仁斯道夫也随着变成了 NASA 的一名科学家，仍然在布劳恩的手下工作。

图 1.3　阿仁斯道夫转为 NASA 科学家时的照片

　　阿仁斯道夫的专业方向是数论，听起来跟天体力学完全没有关系。即使他拿到博士学位后立即转行，也很难想象他能被布劳恩选中研究天体轨道问题。这里的关键是他使用的研究工具——复分析。前面说过，他的博士论文结果是用的复分析。现在我们再来看看他是怎样把复分析用到天体力学里，具体地说就是怎样用到三体问题(如图 1.4)中的。

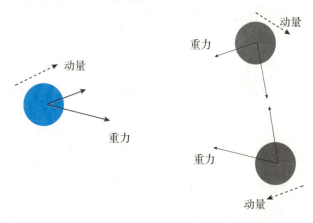

图 1.4　三体问题图释

　　三体问题是天体力学中的基本力学模型。它是指三个质量、初始位置和初始速度都是任意的可视为质点的天体，在相互之间万有引力的作用下的运动规律问题。这是一个有三百多年历史的古老问题。历史上，包括欧拉、拉格朗日和庞加莱在内的著名数学家都研究过。如果把这些运动方程都罗列出来一共有 9 个方程。现在已经知道，三体问题不能精确求解，即无法预测所有三体问题的数学情景，只有几种特殊情况已有研究结果。但即使是用数值解法，也不能得到稳定的解，因为初始值的一点波动都会导致解完全不同。庞加莱率先考虑了一个特殊的情况：在三个天体中有一个的质量与其他两个相比小到了可以忽略其对另两个大天体运动的影响。这样，两个大的天体就可以看作一个二体问题。而二体问题早在牛顿时代就已经圆满解决了。也就是说，它们可以按照开普勒定律绕着它们的质量中心作稳定的椭圆运动。然后把小天体加入这个二体系统中，看这二体对小天体的影响。这样的三体问题称作限制性三体问题。其方程从 9 个减少到 3 个。

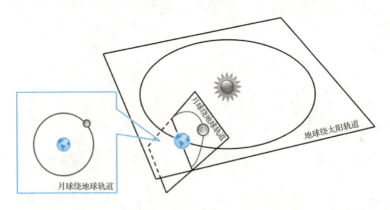

图 1.5　地球和月球在一个平面上

　　NASA 要研究的正是一个限制性三体问题，因为 NASA 关注的是在 20 世纪 60 年代末的登月问题。而前人还没有找到一条让人造卫星飞向月球的路线。所以阿仁斯道夫所面对的三体就是：地球（E）、月球（M）和人造卫星（P）。显然，地球的质量远远大于月球的质量。而人造卫星的质量对地球和月球运动的影响可以忽略不计。这三体都被看作点质量，并且是在同一个平面上（如图 1.5）。于是这个平面就可以被看作一个复平面。假定这个三体系统的总质量为 1，月球的质量为 μ（$0 < \mu \ll 1$），则地球的质量为 $1 - \mu$。取地球和月球的重心为坐标系的原点，则人造卫星的轨迹

满足一个复常微方程

$$x'' + 2\mathrm{i}x' - x = -\frac{(1-\mu)(x+\mu)}{|x+\mu|^3} - \frac{\mu(x+\mu-1)}{|x+\mu+1|^3}, \quad x' := \frac{\mathrm{d}x}{\mathrm{d}t},$$

其中复数 $x(t) = x_1(t) + \mathrm{i}x_2(t)$ 是人造卫星的位置向量。也就是说，阿仁斯道夫把问题简化到了一个方程和一个复变量的问题。当 $\mu = 0$ 时，这个方程的解描述的是经典开普勒运动：$x(t) = \mathrm{e}^{-\mathrm{i}t}z(t)$，这里复函数 $z(t)$ 是方程 $z''(t) = -z(t)|z(t)|^{-3}$ 的一个特解。在一定条件下，这个解是一个周期解，即沿着一条椭圆轨道做周期运动。当 μ 在零点附近做小的扰动时，出现两种情况：一个是庞加莱发现的圆周运动，另一个就是阿仁斯道夫得到的解。假定椭圆轨道的半长轴为 a，离心率为 ε，在 $t = 0$ 时，$z(t) = a \cdot (1 + \varepsilon)$，$z(t) = \mathrm{i}c* /z(0)$，其中常数 $c*$ 满足 $c*^2 = a \cdot (1 - \varepsilon^2)$。它的轨道周期为 $T_0 = 2\pi |a^{3/2}|$。这时，相应的 $x(t)$ 成为周期函数的充分必要条件是 T_0 与 2π 可共度，也就是说存在两个互素的整数 m 和 k 使得 $a^{3/2} = m/k$。阿仁斯道夫的解就是围绕不同的 m 和 k 得到的。所以，他得到的是一组解。

在阿仁斯道夫的结果基础上，他们团队用当时最先进的计算机对这些解进行了数值计算。下面两个图是其中两个例子（如图 1.6 和图 1.7）。

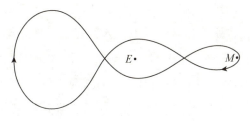

图 **1.6**　$m = 1$，$k = 2$，$\mu = 1/82$

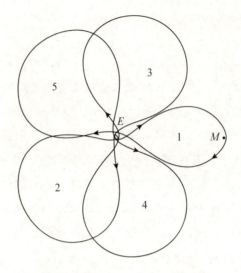

图 1.7　$m=2$，$k=5$，$\mu=1/82$

　　在这族曲线中有一个八字形的曲线（不在本章中），其两个瓣分别包含地球和月球。这就是 NASA 选用的阿波罗飞船飞向月球的轨道的基础。理论上讲，沿着这条轨道，飞船可以在不开动发动机的条件下在这条轨道上永远飞行。而且阿仁斯道夫通过计算得到了一条特别低的轨道。所以 NASA 需要做的就是，用"土星 5 号"大推力火箭把飞船送入地球轨道，然后进入这条地月之间的轨道飞向月球。在到达月球上空时再脱离这条地月轨道进入月球轨道。如果出现意外，飞船可以不插入月球轨道而直接在这条地月轨道上返回。"阿波罗"8 号、10 号和 11 号（如图 1.8）都做好了失败的第二手准备，不过都没有用上。在"阿波罗"13 号发生氧气罐爆炸事件后，NASA 就是用的阿仁斯道夫设计的紧急返回轨道。阿仁斯道夫还设想把这条轨道作为"太空公交车"（space bus）的路线。后来这条轨道被人们称为"阿仁斯道夫轨道"。NASA 在 1966

年授予他"特别成就奖"(Exceptional Achievement Medal)(如图
1.9)。《尼古拉·布尔巴基眼中的纯数学》(*A Panorama of Pure
Mathematics as Seen by Nicolas Bourbaki*)一书中两次引用了他的
结果。从此他的名字永远地留在了载人航天的史话中。

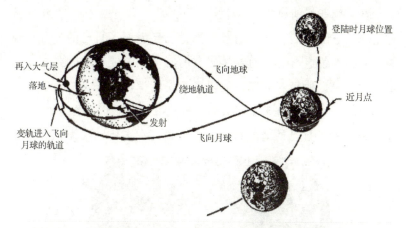

图 1.8　1969 年"阿波罗"11 号飞船的轨道

图 1.9　1968 年，NASA 授予阿仁斯道夫"特别成就奖"

　　阿仁斯道夫在三体问题上继续研究。1968 年，他证明了，在旋转坐标系下，将二体中的一个天体分为一对密近双星，总质量和质心不变，通过延拓双星间的距离，两个密近双星围绕其质心作椭圆形周期运动情形的存在。

　　在阿姆斯特朗和奥尔德林乘"阿波罗"11 号飞船于 1969 年在月球上成功登陆之后，阿仁斯道夫知道已经完成了自己的任务。现在该是他继续追求自己的数学研究的时候了。带着自己在 NASA 取得的成果，他果断辞职，加盟范德堡大学，转身成了大学数学教授(如图 1.10)。在范德堡大学，他除了继续三体问题的研究外，还重新捡起了自己的老本行：解析数论。在三体问题方面，1977

图 1.10　在范德堡大学当教授时的阿仁斯道夫

年，他和学生波兹曼一起证明了对限制型 $N+1$ 问题，N 个大天体构成 N 体共线中心构形并围绕其质心作圆运动，围绕其中任一个大天体的椭圆轨道的存在，小参数是无摄开普勒轨道周期与大天体运动周期比的三分之一次方。1978 年，阿仁斯道夫在自己 1968 年的结果和他与波兹曼的结果基础上，证明将 N 体共线中心构形中任一个大天体分为小质量比的一对密近双星，该系统仍有周期解存在。在数论方面，他似乎没有太大的成绩。比较有代表性的有他在 1957 年发表的博士论文（发表在著名的《数学与应用数学杂志》上）和两篇他到范德堡大学之后的论文：《Theta 函数的部分分式展开》（1972，报告 71-7，NRL 报告 7341. 海军研究实验室）和《用模形式研究三维球体上整点的均匀分布》（1979，《数论杂志》）。从引用率看影响都低。他大概一直像张益唐一样，在潜心研究孪生素数猜想。因为有人问他在取得博士学位后为什么长期不发（数学）论文，他确实解释过，他不想发没有意义的文章。不过他的境况比张益唐好多了。有了在 NASA 取得的成就，他可以安稳地坐在范德堡大学教授的椅子上研究天体力学和数学，还在这两个领域里带出了数名博士。他能传承西格尔的风格，在天体力学和解析数论这两个领域保持研究，这样的人在当今已不多见。

2004 年 5 月 26 日，阿仁斯道夫在 arXiv.org 上发表了一篇 38 页长的论文《有无穷多孪生素数》（There Are Infinitely Many Prime Twins）。这个消息当时曾经引起轰动，但一周后他就突然宣布他的证明存在一个致命的错误，并将他的论文撤下来。在他这次尝试失败之后，有一名过去的学生回忆这位复分析课的老师说：他的作业记分系统有四种分数：R（"正确"），R/2（"半正确"），O（"零"），F（"失败"）。也就是说，零分不算是最差的。每周作业有 3～4 题,都要花费整个一周的时间去完成;期末考试有 10 道题。这名学生很高兴自己得了一个"B+"。看来这位教授很不容易对付。但学生最后说:"被阿仁斯道夫过高地评估是我的荣誉。""我其实欣赏作为一个数学家和一个人的他。我很遗憾他的孪生素数的证明没有成功。"另一位听过他的课的学者认为,他的证明是"只差一点点"(near miss),因为他的证明虽然没有证明出孪生素数猜想,仍然是对数学的一个贡献;从长远意义上说,一个只差一点点的大的猜想的证明比一个不重要的定理的成功证明可能更有意义。

　　在突击孪生素数猜想失败后,阿仁斯道夫非常失落。虽然这时他已经是光荣退休教授,但他还在系里做一些事情。他决定完全退下来,回家与妻子安度晚年。他们夫妻在德国最困难的时候结婚,二人自始至终相爱如初。他们共同养育了三个儿子:大儿子在德国出生,曾经代表美国参加过国际奥数比赛并获得银牌(1974),但就在这一年,他在一次意外事件中,从自家后院的树上摔了下来,伤重而死,死时才 18 岁。二儿子本来是一位很有希望的计算机科学家,但不幸得了淋巴癌而英年早逝,年仅 34 岁(1996)。目睹了两位哥哥的死亡后,三儿子精神上受到了刺激,本来就内向的他更加深居简出。后来他竟然辞去了基因工程研究员的工作,断绝了与家庭的来往,独自搬到加州沙漠地带。这对阿仁斯道夫夫妇,特别是对作为母亲的曼泽克造成了巨大的精神打击。2011 年,曼泽克被发现得了乳腺癌。在与癌症搏斗两年后,她先他而去。2014 年 9 月 18 日,阿仁斯道夫心脏衰竭,在自家去世。一位经受了多重打击的老人就这样静悄悄地离开了我们,但是他为人类首次登月做出的贡献值得每一个人骄傲,他走过的一生道路给了我们另一个思考。

参考文献

1. R. Schulz-Arenstorff. Über die zweidimensionale Verteilung der Primzahlen reell-quadratischer Zahlkörper in Restklassen，J. Reine Angew. Math. , 1957(198)：204-220.

2. R. Arenstorf. Periodic solutions of the restricted three-body problem representing analytic continuations of Keplerian elliptic motions. Amer. J. Math. , 1963(85)：27-35.

3. 徐兴波. 空间椭圆形限制性三体问题的一类对称周期解. 中国科学院紫金山天文台硕士学位论文.

4. Deb Stone. FEATURE：Find Me：Hartwig Paul Josef Arenstorf. http：∥the-lifesentence. net/book/find-me-hartwig-paul-josef-arenstorf.

5. Obituary：Richard F. Arenstorf，Celestial Mathematician，Vanderbilt Magazine.

第二章　制造一台 150 多年前设计的差分机

　　美国硅谷有一个闻名世界的计算机历史博物馆。这里有一台既古老又全新的手摇计算器(如图 2.1)，令人眼前一亮。大家也许会有疑问，为什么说它既古老又全新呢？这是因为设计出它的时间很早，是 150 多年前的事情了，但却是近年才制造完成的。这里面隐藏着一个丰富多彩不能不说的故事。

图 2.1　计算机历史博物馆中的差分机 /作者

1. 一台全新的古董

这台计算器的名字为差分机，重达 5 t，有 8 000 多个铜、铸铁和钢制的零部件，长 3.5 m，宽 2 m，拥有这样一副体态，显然是一个十足的庞然大物。它虽然很古老，但是具有很强的计算和打印功能，可以自动计算到小数点后 31 位数字，计算七次多项式的值，自动打印出计算结果，制作出用于印刷的模板，特别是还可以提供两种字体和打印格式。

它的发明者是英国的巴贝奇。他是在 1849 年设计出这台差分机的，实际上，此前，他已经设计出一台差分机，称为差分机 1 号（Difference Engine No. 1），这台新设计的差分机称为差分机 2 号（Difference Engine No. 2）。其中关键思想应用了数学中的差分方法，因此以差分机命名。

巴贝奇设计和制造差分机的动力来自于传统数学用表。数学用表早在公元前就已经出现。到 18 世纪，数学用表广泛应用，除了乘除、乘幂和方根的计算外，对数函数、指数函数、三角函数以及其他特殊函数表也常被使用。但当时的数学用表仍是由人工计算得到的，错误甚多，比如对数表中存在大量错误，对航海的海员有极大的潜在危险。于是，巴贝奇暗下决心，力争制造出一台先进的计算机器，实现从计算到印刷的过程全部自动化，全面消除人为的计算、抄写、校对和印制等错误，编制出毫无瑕疵的数学用表。

一如我们经常听到的那样，理想很丰满，现实很骨感。在他的有生之年里，差分机 2 号与差分机 1 号面临了同样的命运，仅仅制造出了一小部分。他为了尽善尽美，在制造过程中，一次次修改设计，消磨掉了合作者和投资者的热情，当他信心百倍的时候，人们似乎没有了再相信他的勇气。他只好带着终身遗憾，于 1871 年悄然离世。《泰晤士报》非但没有表现出对这位发明家的尊敬，甚至还在讣告中嘲笑他的失败，真可谓成者为王败者为寇。

不过，如果是真的英雄，无论眼下是否成功，总会有赏识和爱惜者。虽然巴贝奇生前没有制造出一台完整的差分机，但是英国一直保存着他的差分机设计图纸（如图 2.2）。英国的科学史家亦长期以来设法复原他的工作，力图将差分机 2 号完成，但是没有获得多大进展。直至 20 世纪后期，才有了转机，这要归功于伦敦科学博物馆。它在 1985 年开始制造差分机 2 号，使得巴贝奇的设计思想重见天日。

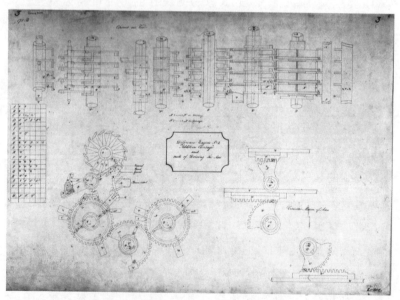

图 2.2　差分机 2 号设计图纸/伦敦科学博物馆

　　但这项浩大的工程不是说做就能马上完成的。差分机2号的计算部分，就耗费了伦敦科学博物馆6年的时间，直到1991年才完成。这个消息不胫而走，传到了微软的前任首席技术官（CTO）麦沃尔德的耳朵里。麦沃尔德自幼入迷数学，大学里学习数学、地球物理和空间物理，后来又学习了数学经济和数学物理，并获得普林斯顿大学的博士学位。他对差分机2号表现出了极大的热情，表示愿意资助伦敦科学博物馆制造完成它的印刷部分，但必须要满足他的一个要求，那就是他自己必须得到一台一模一样的复制品，双方遂达成共识，于是差分机2号印刷部分的制造开始提上日程。

　　也许谁也没有想到，这一部分的制造花费的时间更长，历时11年，直到2002年才完成。而现在屈指算来，整个差分机2号总共耗时17年。值得欣慰的是，这一次没有再半途而废，最终制造出了能够兼备计算和印刷功能的差分机。相信如果巴贝奇地下有知也会笑逐颜开吧。这台差分机现今保存在英国的科学博物馆（Science Museum）里。

　　按照伦敦科学博物馆和麦沃尔德的约定，2008年又制造完成一台差分机2号的复制品，就是在计算机历史博物馆里展览的一台（如图2.3）。此时，距巴贝奇设计出它的时间（1849年）整整过去了150多年。不禁使人感叹，幸亏麦沃尔德有收集这种巨无霸的喜好，才使它得以完成，并公之于世。又幸亏他如此慷慨，同意在将它运到自己家里私藏之前，先陈列在计算机历史博物馆里展览，以饲看客，否则旁人很难知晓这段历史。

　　两个展览差分机2号的博物馆的负责人亦颇有感触。伦敦科学博物馆负责人霍尔顿说，制造差分机2号，花费的时间太长，

图 2.3　差分机与数学用表比较 /作者

花费的金额亦达 45 万英镑[①]，难怪当年找不到愿意出资的人呢。硅谷计算机历史博物馆董事长舒思太克说，英国政府资助巴贝奇开展了早期工作，期望以此获得更高精度的导航、科学和工程数据，但尽管巴贝奇很聪明，却在有生之年未能梦想成真。他的失败并非由技术问题所致，而主要是因管理残缺。有一个问题十分突出，他总在半路又产生新想法，导致工程无法按照预期继续进行。这样做会影响工程的进度，在实施工程时不得不学会说"不"，或者"这正是我们现在做的"。

2. 差分机 2 号是如何工作的

差分机 2 号的计算原理其实就是泰勒级数展开。对于一个多项式来说，当然它的泰勒级数就是它本身。差分机 2 号有 8 个立

---

　① 英制货币单位。

轴，因此，能计算七次多项式的值。若制作一个对数表，则只需把对数函数做泰勒级数展开，然后取其前 8 项即可。为简单起见，我们考虑一个 2 次多项式函数 $f(x)=a_0x^2+a_1x+a_2$。容易证明，对任何一个整数 n，有

$$[f(n)-f(n-1)]-[f(n-1)-f(n-2)]=2a_0,$$

也就是说，经过两次差分后，总能得到一个常数 $A=2a_0$。学过微积分的读者应该已经发现，这个常数就是 $f(x)$ 的二阶导数。因此

$$f(n)=f(n-1)+(f(n-1)-f(n-2))+A,$$

由这个公式看出，$f(n)$ 可以由 $f(x)$ 在 $x=n-1$ 和 $x=n-2$ 的两个值以及常数 $2a_0$ 得到。假如已通过手算得到 $f(x)$ 在 1 和 2 的值，那么就可以通过这个公式得到 $f(x)$ 在所有整数点的值。一般地，对一个 n 次多项式，只要经过 n 次差分就可以得到这个多项式的 n 阶导数，而且这个导数正好是常数。于是，只要得到这个多项式在 n 个整数点的值，就可以只用加法和减法得到它在所有整数点的值。注意，这里的关键是加法和减法。巴贝奇正是利用这个特点，把对乘法的计算转变成了在机器制造上更容易实现的加减法。下面的示意图是 $f(x)=x^2+4$ 的情形（如图 2.4）。

　　读者可以思考一个问题：🔶如果我们有一个 3 次（或 n 次）多项式，那么需要多少次差分才能得到常数呢？

　　前面说到，航海中要用到数学用表（如图 2.5），其中用到的一个重要函数是对数函数 $f(x)=\lg x$。而差分机是不能直接用于对数函数的。那么我们怎样才能把它用于对数函数呢？答案是用泰勒级数展开。欧拉当年为了制作他的数学用表，计算了自然对数。他考虑的就是 $\ln(1+x)$，用到的就是下面的当时已经著名的泰勒级数：

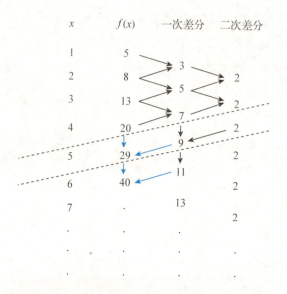

图 2.4　差分机的数学原理 /作者

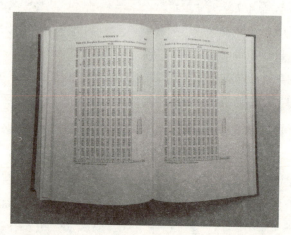

图 2.5　数学用表 /作者

$$\ln(1+x) = x - \frac{x^2}{2} + \frac{x^3}{3} - \frac{x^4}{4} + \frac{x^5}{5} - \cdots$$

我们在第 2 册第六章"对数和对数思维"里详细谈对数函数。

题 学过微积分的读者可以复习一下级数知识。想一想怎样用泰勒级数来制作基本函数的数学用表。

但是泰勒级数总是有一定的使用范围。在超出一定范围后，用泰勒级数来近似对数函数就会有较大的误差。这时的改进办法就是"曲线拟合"（curve fitting）。也可以在一个新区间里做新的泰勒级数展开。我们在这里不深入讨论这个课题。

差分机 2 号在进行计算时，要靠一个人用手摇动齿轮来带动机器完成计算任务，这个操作似乎不是很难。首先，看一个妇女都能胜任（如图 2.6），应该不太费力；其次，当时人们已知如何发电，若不用人力，而改用电力，来完成数学用表，也应该如囊中探物，轻而易举。

图 2.6　这台差分机的最终目的地是麦沃尔德在西雅图的私人收藏室 /作者

巴贝奇不但设计了差分机，而且设计过一台更为复杂的分析机（Analytical Engine），可以运行包含"条件""循环"语句的程序，有存储数据的寄存器，本有望成为现代意义的计算机，不过同样功败垂成。不知是否有另一位 CTO 愿意出资完成它呢？

3. 巴贝奇是什么人

也许大家对差分机有所了解后，会对它的发明者巴贝奇（如图2.7）产生好奇。

图 2.7　巴贝奇 / 维基百科

事实上，巴贝奇是一个绅士科学家，亦即一个独立且富有的业余科学爱好者。他涉猎广泛，除了研究数学和计算机科学之外，还涉足政治经济学、哲学、密码学以及机械工程学等领域。从

1813 年到 1868 年，他共发表 6 部著作，近 90 篇论文。他不但是名副其实的数学家，而且是计算机先驱，发明了可编程计算机、差分机、分析机等。他发明的差分机标志着自动计算时代的开始，因此和图灵一起共享计算机之父的赞誉。虽然其成就非凡，却命运多舛，不但在世时未能如愿制造出花费巨大心血的机器，而且在生活方面也一波三折。

巴贝奇于 1791 年 12 月 6 日出生在英国伦敦，父亲是银行家，家境丰实，从小就接受到良好的教育。他勤学好思，常常问一些天马行空的问题，做一些稀奇古怪的事情。他会问母亲，新买的玩具有着怎样的奥妙，也会把玩具大卸八块了解其内部机理。儿时的他还曾把两块木板绑在脚底，想发明一种可以在水面上行走的工具，甚至差点被淹死。这种探求和改造世界的好奇心和行为举止陪伴了他的一生。

巴贝奇有着比较丰富的学习经历。在 8 岁左右的时候，发起致命的高烧，家人为了使他尽快康复，将他送到一个乡村学校学习。当身体基本痊愈时，转到另一所有丰富藏书的小学校恩菲尔德学习，这里的藏书激发了他的学习兴趣。之后，他到剑桥附近跟随私人教师度过了几年宝贵的学习时光，尤其值得一提的是，在这一期间，他阅读了许多数学和科学家的著作，受益匪浅。

1810 年，他顺利进入剑桥大学三一学院数学系学习。他如饥似渴，在图书馆阅读久负盛名的圣彼得堡、柏林和巴黎等科学院的论文，刻苦钻研。他很快在数学方面小有成就，毕业两年后的 1816 年，就成功当选英国皇家学会会员，1828 年还喜获剑桥大学的卢卡斯数学教授席位。要知道，第一任卢卡斯数学教授是牛顿的老师巴罗，第二任卢卡斯数学教授是牛顿，所以拥有这个席位是一种实力的象征和难得的荣耀。

巴贝奇的家庭生活很不幸。在大学毕业的那一年，即 1814年，他不顾父亲的反对成婚，只过了 10 多年的幸福生活，灾难就不断降临到他头上。先是他的父亲不幸辞世，然后仅仅过了 1 年，他的二子、妻子及幼子又相继撒手人寰，他的女儿也在少年时代走到生命的终点。这些打击使得他余生再也没有勇气走进婚姻，毕生都奉献给了科学事业。令人开心的是，虽然他的生命早已终止，但是差分机等成就正不断为后世所认可和赞扬，他在科学探索中获得了永生！美国科幻小说家吉布森和斯特林还在 1991 年以巴贝奇为小说的主人公原型，撰写了世界首部"蒸汽朋克"小说《差分机》。

4. 自己动手

如果大家意犹未尽，想了解巴贝奇更多的精彩故事，可以阅读欧阳顺湘所撰写的《谷歌数学涂鸦赏析(下)》和陈钊的《计算机学习漫谈(2)——巴贝奇与他的计算机梦》。这里还应该提到一位坚定不移支持他的年轻的女数学家艾达·拜伦。美国国防部开发的ADS(艾达)语言就来自于她的名字。对她，应该有专文描写。

Q 如果哪位读者手痒，也想制造一台差分机，做台简单的也不是太难。有人用乐高积木做出了机械计算器(如图 2.8)，也有人(芬顿，《Popular Science》)用 3D 打印机打出模块，然后组装成一个简单的计算器。这个玩具是在《大众科学》上介绍的。《大众科学》里每一期都会有一个 DIY(Do it yourself)，非常棒。世上无难事，只怕有心人。

图 2.8　用乐高玩具制作的差分机 1 号 /Popular Science，卡罗尔

参考文献

1. The Babbage Engine. Computer History Museum. http：// www. computer-history. org/babbage/.

2. Babbage，Science Museum. http：// www. sciencemuseum. org. uk/onlinestu-ff/stories/babbage. aspx.

3. 欧阳顺湘. 谷歌数学涂鸦赏析（下）. 数学文化，2013，4(3)：32-51.

4. Laura Sydell. A 19th-Century Mathematician Finally Proves Himself，NPR，2009 年 12 月 10 日.

5. Andrew Carol. Building a Calculating Machine Using LEGO. http：// acar-ol. woz. org/difference _ engine. html.

6. Stunningly Intricate：Curta Mechanical Calculator. http：// www. darkroast-edblend. com/2008/09/stunningly-intricate-curta-mechanical. html.

7. Ed Sandife. How Euler Did It，Finding logarithms by hand，MAA，July，

2005. http：//eulerarchive. maa. org/hedi/HEDI-2005-07. pdf.

8. 火光摇曳. 计算机前世篇（四，巴贝奇和差分机）. http：// www. flickering. cn/八卦天地/2015/03/计算机前世篇（四，巴贝奇和差分机）.

9. 火光摇曳. 计算机前世篇（五，差分机和二代差分机）. http：// www. flickering. cn/八卦天地/2015/03/计算机前世篇（五，差分机和二代差分机）.

第三章　霍尔和快速排序

　　说起计算机，人们自然会想到图灵和冯·诺依曼，会对他们的聪明才智啧啧称道。他们不但在计算机历史上熠熠生辉，而且以他们名字命名的图灵奖和冯·诺依曼奖成了计算机界的最高奖，图灵奖更是被誉为计算机界的诺贝尔奖，而今天我们所要请出的人物——霍尔，就同时拥有这两项大奖的桂冠，他发明的快速排序(QuickSort)高居十大编程算法的首位，为计算机历史画上了浓重的色彩。

1.　霍尔的故事

　　霍尔 1934 年 1 月 11 日出生于斯里兰卡科伦坡。他的英文名字比较长。习惯上，大家称他为托尼。1956 年，他从牛津大学墨顿学院(Merton College)毕业，获得西洋古典学学士学位。之后的两年里，他在英国皇家海军服役(如图 3.1)，其任务是研究俄国的现代军事，因此学习和精通了俄语。结束服役后，他进入牛津大学研究生院学习统计学。在校期间，他还跟随数值分析学家莱丝莉·福克斯学习了计算机编程语言 Autocode。后来，由于扎实的统计学基础和出色的俄语能力，他作为英国选派的交换生到莫斯科大学读研究生，有幸师从苏联数学家柯尔莫哥洛夫。

图 **3.1**   1956 年，霍尔在英国海军的一家语言学院/英国图书馆

本来他拜读在这样一位大数学家门下，似乎应该成为一名优秀的数学家。但他似乎对纯数学失去了兴趣（用他自己的话说是在研究生的水平上学不动了），正巧英国国家物理实验室（National Physical Laboratory）开始一项新计划：拟将俄文自动翻译成英文。他们知道霍尔会俄语，也学习过计算机编程，打算给他一个高级科学官员（Senior Scientific Officer）的职位，让他参与这个项目。这对于一个在读研究生是难以想象的。于是他开始查阅计算机翻译（machine translation）的研究结果。在莫斯科的列宁图书馆里，他读到了乔姆斯基的上下文无关文法方面的研究工作。俄国人当时也对机器翻译很感兴趣，甚至有一个专门的杂志《机器翻译》（*Mashinniy Perevod*）。霍尔就在这个杂志上发表了他第 1 篇论文。因为俄语里没有"H"，他的名字中的"H"被"Ch"代替了，所以这篇论文不太为人所知。不过，小小的成绩已经让他看到了自己的潜力，大大增强了信心。

霍尔惊奇地发现，在翻译俄文的时候，必须先把一个俄文句子里的所有单词按字母顺序进行排列，因为那个年代的计算机不能把一本俄语词典都放入存储器中，词典是以字母顺序存储在一条长长的磁带上，而为了在词典里找到某一个单词，计算机必须把磁带转动一遍才行。霍尔意识到，如果把这个句子中的所有单词先按同样的顺序排列，机器就可以在磁带上只走一遍就找到所有的翻译，因此，问题的核心是要找出一种能在计算机上实现的排序算法。

2. 计算方法和计算复杂度

让我们先离开霍尔的故事来谈谈计算机科学中的算法。所谓算法就是用某种重复性的步骤来完成一个计算机上的任务。比如说，将一些单词按字母顺序排序就是一个任务。算法的英文是"Algorithm"。这个词来自于 9 世纪波斯数学家、天文学家和地理学家花拉子米的拉丁名字"al-Khwarizmi"，因为是他在数学上提出了算法这个概念。

霍尔所要做的就是寻找一种为单词排序的算法。一个算法只有可以在合理时间内完成任务才是有意义的。我们在第 1 册第八章"xkcd 的数学漫画"里有一些例子来说明这一点。目前已有许多排序算法，我们可以根据它们的计算复杂度来进行合理的选择。什么是计算复杂度呢？给定一组数字或单词，用某种算法对其按大小顺序排列，如果需要 n 步才能完成，那么这种算法的计算复杂度就是 n。更一般地，给定一个算法（其任务不一定是排序），这个算法的计算复杂度就是它所需的计算步骤的数量。通常我们并不能得到一个精确的 n。假定我们找到一个函数 $f(n)$ 和两个正常数 C_1 和 C_2，使得当 n 足够大时，

$$C_1 f(n) \leqslant n \leqslant C_2 f(n)，$$

那么我们就说这个算法的复杂度是 $O(f(n))$。直观上说，当 n 越来越大的时候，计算复杂度的变化趋势等价于 $f(n)$。

我们来看一个简单的例子。读者可能知道高斯求和的故事。传说他在小学的时候，老师曾经让孩子们计算从 1 加到 100 的和。小高斯不像其他学生立即开始做加法，而是想有没有简便的算法。让我们考虑从 1 加到 n 的和，其中 n 是一个任意正整数。高斯得到的公式是

$$\sum_{k=1}^{n} k = \frac{n(n+1)}{2}。$$

可以看出，⬡题高斯方法的计算复杂度为 3，是一个与 n 无关的常数，而其他学生的方法的计算复杂度为 $n-1$。用 O 表示的话，⬡题二者的计算复杂度分别为 $O(1)$ 和 $O(n)$。所以，n 越大，越能显示出高斯方法的优越性。⬡题作为练习，读者可以考虑斐波那契数列的前 n 项和的计算复杂度和 n 个连续正整数的平方和的计算复杂度。我们在第四章"数学对设计 C＋＋语言里标准模板库的影响"里也将讨论辗转相除法的计算复杂度理论。

当一个算法很复杂的时候，函数 $f(n)$ 可能也会很复杂。比如我们可能有：$f(n) = 24n^2 \lg n - 12n(\lg n)^2 + 36$。在实际应用中，这些复杂的细节并无多大的意义，起决定作用的是当 $n \to \infty$ 时，变化最快速的那个项。在上面的复杂例子里，变化最快速的项就是 $24n^2 \lg n$。在计算机科学上这个函数所代表的算法就是一个"$n^2 \lg n$ 算法"。常用的函数有：$\log_2 n$，n，$n \lg n$，n^2，n^3，2^n 等。让我们一起来感觉运算时间对下面这些函数表示的是什么数量级的复杂度。为此我们一起来看下面的表(如表 3.1)：

表 3.1　不同复杂度函数的比较

$\log_2 n$	n	$n\lg n$	n^2	n^3	2^n
0	1	0	1	1	2
1	2	2	4	8	4
2	4	8	16	64	16
3	8	24	64	512	256
4	16	64	256	4 096	65 536
5	32	160	1 024	32 768	4 294 967 296

显然，在上面的表 3.1 中，随着 n 的增加，2^n 的增长速度最快，$\log_2 n$ 的增长速度最慢。事实上，对于 2^n，当 $n=40$ 时，计算步骤大约是 1.1×10^{12}。假如有一台计算机每秒能执行 10 亿步计算的话，那么就需要 18.3 min；当 $n=50$ 时，需要 13 天；当 $n=60$ 时，需要 310.56 年；当 $n=100$ 时，需要 4×10^{13} 年。再来看一看 n^3。当 $n=1\ 000$ 时，我们只需要 1 s；当 $n=10\ 000$ 时，需要 110.67 s；当 $n=100\ 000$ 时，需要 11.57 天。我们看到，计算的复杂度对于实际计算至关重要。我们在第五章"再向鸟儿学飞行"和第四章"数学对设计 C＋＋语言里标准模板库的影响"里也简单涉及计算复杂度的例子。

俄罗斯数学家沃埃沃斯基说：数学家们的生活将发生变化。数学家们会坐在计算机前，让计算机来证明定理。没有计算机的验证，不会去试图证明定理。可见计算机科学在数学研究中的地位。

3. 霍尔的故事(续)

　　现在回到霍尔的故事上。他抓住了问题的核心之后，在莫斯科大学宿舍里用自己所会的 Autocode 写出了一个排序算法，亦即被人称为"冒泡排序"（bubble sort）的算法。"冒泡排序"法早在 1956 年就有人用了，霍尔只是重新发现了它。但霍尔自认为这个算法太慢，就把它弃之一边了。虽然冒泡排序没有入霍尔的法眼，但在当今看来，它在计算机科学领域中也是当之无愧的较简便的排序算法。它的主要操作步骤是，反复走访过要排序的数列，一次比较两个元素，如果它们的顺序错误就把它们交换过来。走访数列的工作是反复进行到再没有需要交换的元素为止。这个算法的名字由来是因最小的元素会经过交换慢慢"浮"到数列的顶端。用计算复杂度理论（Computational complexity theory）来说，它平均需要 $O(n^2)$ 次运算。如果我们仍然用上面提到的那台计算机来计算，对 $n=1\,000\,000$，它需要 16.67 min。虽然霍尔没有宣布这个算法是由他发明的，但大家公认他是独立得到这个算法的。

　　放弃了冒泡排序之后，霍尔在莫斯科（如图 3.2）继续冥思苦想更有效的方法，而且脑海中很快出现一个新的算法。虽然这个算法与冒泡排序一样，都属于交换排序方法，但是它的平均计算复杂度是 $O(n\lg n)$，在最坏的情况下也只是到了"冒泡排序"的复杂度 $O(n^2)$。当 n 特别大时，优势极其明显，步骤要少很多。还是用上面的计算机来看，同样当 $n=100\,000$ 时，只需要 19.92 ms。这就是现在著名的快速排序算法。这个算法被封为 20 世纪 7 大算法之一，而他本人则获得影响算法世界的 10 位大师之一的殊荣。霍尔自己则十分谦逊地认为，这个算法只是他终生所得到的唯一有意义的算法。显然他是太谦虚了。这些都是后话。有了这个算法，他对担任英国国家物理实验室的那个职位已经有了充分的信心，开始打算返回英国就职。

图 **3.2**　1960 年，霍尔在莫斯科/英国图书馆

正当此时，一个英国科学仪器展览在莫斯科举办，而主持这个展览的是他的一个叔叔。叔叔知道他就在莫斯科而且会说俄语，就把他临时叫去当翻译。一家生产小型科学计算机的英国公司艾略特兄弟（Elliott Brothers）参加了展览，为的是能在参展后将计算器卖给苏联。由于政府的管制，这在英国本土是不可能的。在展览会上，霍尔在艾略特兄弟的展柜前认识了公司计算部负责经理艾迪·纳什。纳什慧眼识珠，建议他回到英国去并加入艾略特兄弟公司。霍尔不知道人家为什么器重他，因为他觉得自己无非会俄语、拉丁语和希腊语。另外他还在念念不忘国家物理实验室的

那个高级科学官员的职位，所以没有立即接受纳什的建议，但同意搭乘他们运货的空车回英国。这样他可以省了票费，同时对方在过苏联边界时多了一个翻译，一举两得。

经过一番周折之后，他回到了英国并马上去了国家物理实验室，但结果却大失所望。首先，国家物理实验室的计算机很落后；其次是俄语中大量非日常用语和科技词汇不断涌现；更让他失望的是，人事部门的官员告诉他，因为他没有科学方面的学位，所以永远不可能得到一个永久的科学方面的公务员职位，而当时能给他的仅仅是一个临时"技术官员"职位，比他原先预期的"高级科学官员"低两三级。于是霍尔果断拒绝接受这个职位，技术部门的主任还对此颇感意外。但我们毫不意外的是，这个项目在 5 年后以失败而告终，因为他们放走了一个十分优秀的计算机科学家和他心里已然成熟的快速排序法。

霍尔加入了艾略特兄弟公司。他深得这家公司的器重，虽然他未曾在莫斯科大学毕业，但这家公司还是决定按研究生学历给他定了职称，并因他会俄语为他额外加薪。

为了解霍尔的水平，他的小老板给他出了一道比较复杂的编程题。他轻松地用艾略特兄弟公司的机器语言完成了。小老板惊讶地瞪大了眼睛说："没想到你这么出色！"当即给了他一道新的测验题：用希尔最新的较为快捷的排序方法写出程序。这个方法的思想和细节都比较复杂，当时还没有人能计算出它的复杂度。这个算法后来称为"希尔排序"（ShellSort），也称为"递减增量排序算法"。现在知道，经过改进的希尔排序的复杂度为 $O(n \lg^2 n)$，比霍尔的快速排序法要慢。如果要将这个计算复杂度与其他算法作比较，我们本应该将 $n \lg^2 n$ 也列入前面的表格中。就请读者题帮助完成这项工作吧。

霍尔发现这道新的测试题具有一定的挑战性，但还是顺利按照要求做了出来。小老板很高兴，把这个程序放入了公司的程序库里。这时候，霍尔小心翼翼地告诉小老板，自己还有一个更快的算法。小老板打赌说这不可能。于是，霍尔把自己深思熟虑的快速排序法说了出来。小老板亲自动手按照这个算法写出程序，然后在计算机上测试。结果新的算法击败了包括小老板自己的算法在内的其他算法。霍尔同时完成了他有生以来的第 2 篇科学论文（1961 年《ACM 通讯》）。我们虽然不知道他是否已经意识到，在平均的意义下，这个算法已经达到了排序算法的计算复杂度下限，但是霍尔已经在这篇论文中大胆地把自己的这个新方法命名为"快速排序法"。

后来，霍尔领导一批人马将美国计算机科学家、首届图灵奖获得者佩利的"算法语言 Algol 60 报告"（Report on the Algorithmic Language Algol 60）引入公司的计算机中。这使公司的计算机销量大增。霍尔本人也不失时机地将自己的快速排序方法与 Algol 语言结合起来，完成了他的第 3 篇科学论文并发表在著名的《计算机杂志》（Computer Journal）上。此举为他以后的学术道路打开了大门。当初发现他的伯乐纳什曾经感慨地说，这一生为艾略特兄弟公司做得最棒的事情就是找到了霍尔。霍尔本人也认为选择艾略特兄弟公司是最正确的决定，为自己将来的计算机科学家生涯铺平了道路。

霍尔在计算机语言和数理逻辑上建树颇多，除了发明冒泡排序和快速排序算法外，还设计出了霍尔逻辑和交谈循序程式等。1968 年，他成为贝尔法斯特女王大学的教授，从此专门进行计算机科学

图 3.3　1980 年获得图灵奖 /英国图书馆

研究。1977 年回到母校牛津大学任教授，并在剑桥微软研究院任研究员。1980 年获得图灵奖（如图 3.3），1982 年成为英国皇家学会会士，2011 年获得冯·诺依曼奖。他面态祥和，喜欢穿西装打领带，如今虽是耄耋之年，仍然如年轻时一样衣冠楚楚（如图 3.4）。在美国计算机历史博物馆中有介绍他的展览（如图 3.5 和图 3.6）。

图 3.4　霍尔 /维基百科

图 3.5 计算机历史博物馆中介绍霍尔的展框/作者

图 3.6 计算机历史博物馆的会士(2006)/作者

4. 快速排序法

通过以上介绍，我们梳清了快速排序产生的前因后果。现在我们介绍一下它的具体操作方法。快速排序的基本思想是递归（Recursion），每进行一步都将一个大的集合划分为两个小的子集，然后对两个子集实施相同的算法。当两个子集都完成了排序之后，再把它们重新黏合到一起。下面，我们用一个例子来进行简单说明。

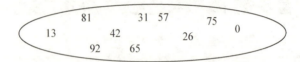

假定有 10 个数，希望将它们从小到大排列。

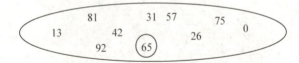

首先从这些数中随机挑出一个元素，称为"基准"（pivot）。

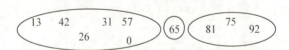

把比这个基准小的数放在它的左边，把比这个基准大的数放在它的右边。

这样就完成了排序过程的第 1 步，得到两个小的集合。重复上面的步骤，再对这两个小的集合进行排序。这就是前面所说的递归思想。我们忽略其中的具体细节，经过一些步骤之后，我们已经将这两个小的集合排好序了。下面的两步就容易理解了。

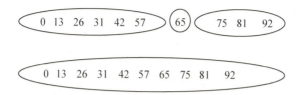

希望这个故事能对读者有所启发和帮助，或者为读者增添一丝乐趣！最后留下一道小题：**题** 用快速排序法将 3，1，4，5，9，6，2，8，7 按递增顺序重新排序。对编程有兴趣的读者还可以试着写出快速排序的程序来。

在 1980 年图灵奖的颁奖仪式上，霍尔出口成章、妙语连珠，其中精妙绝伦的一句话是：

There are two ways of constructing a software design：One way is to make it so simple that there are *obviously* no deficiencies，and the other way is to make it so complicated that there are no *obvious* deficiencies. The first method is far more difficult.

把这句话译为中文，意思是：有两种构成软件设计方案的途径，一种是把它做得简单到没有漏洞，另一种是把它做得复杂到看不出漏洞。第一种要难得多。

Q 快速排序法是不是最好的算法呢？不是。陈镜超（音译）设计了一个算法："Symmetry Partition Sort"，并认为这个算法可以保证在 $O(n\lg n)$ 步内完成，而快速排序法只是在平均的意义上达到了 $O(n\lg n)$。

参考文献

1. D. E. Knuth. Selected Papers on Analysis of Algorithms，Addison-Wesley，2000.

2. D. E. Knuth. Mathematical Analysis of Algorithm，Proceedings of IFIP Congress 71，Amsterdam：North-Holland，1972：19-27.

3. D. E. Knuth. The Dangers of Computer Science and Theory，Logic，Methodology and Philosophy of Science 4，Amsterdam：North-Holland，1973：189-195.

4. D. E. Knuth. The Analysis of Algorithms，Actes du Congres International des Mathematiciens 3，Paris：Gauthier-Villars，1971：269-274.

5. D. E. Knuth. Big Omicron and Big Omega and Big Theta，SIGACT News 8，2，April-June 1976：18-24.

6. E. Horowitz，S. Sahni，D. Mehta. Fundamentals of Data Structures in C++，Computer Science，1995.

7. Len Shustek. An Interview with C. A. R. Hoare，Communications of the ACM，2009，52(3)：38-41.

8. Tony Hoare. My Early Days at Elliotts，Computer Resurrection，The Bulletin of the Computer Conservation Society，Number 48，Autumn 2009.

9. Jing-Chao Chen. Symmetry Partition Sort，Journal of Software：Practice and Experience，2008，38(7)：761-773.

10. 杨正瓴. 排序问题串行算法复杂性下界间的关系. 天津大学学报. 1993 (6)：140-141.

11. 阮一峰. 快速排序（Quicksort）的 Javascript 实现. http：// www. ruanyifeng. com/blog/2011/04/quicksort＿in＿javascript. html.

12. E. Jitomirsky. The QuickSort Algorithm. http：// www. mycstutorials. com/ articles/sorting/quicksort.

第四章 数学对设计 C++ 语言里标准模板库的影响

数学是科学的女王，与计算机等很多应用学科都有着千丝万缕的联系。有人说，从事数学研究的人可以轻易转行从事其他科学研究，但是从事其他科学研究的人想转行从事数学研究却并非易事，由此可见数学的威力。数学来源于实践，又反作用于实践，在理论和实践的发展中交叉融合，历久弥香，亦表现出累积的特性，标准模板库就是最大公测度经过 2 500 年的沉淀和发酵之后精炼成型的，它在计算机语言中发挥着重要作用。

1. C++ 语言的标准模板库

C++ 语言(以下简称为 C++)比 C 语言增加了一个很好的功能：标准模板库(Standard Template Library，STL)。标准模板库使得 C++ 不但有了同 Java 语言一样强大的类库，而且有了更大的可扩展性。标准模板库是由斯捷潘诺夫在 1979 年前后发明的(如图 4.1)，这也正是计算机科学家施特劳斯特鲁普发明 C++ 的年代。巧合的是，他们二人不但同一年出生，而且学的都是数学专业(后者兼得计算机科学学位)，就好像两人相约来到这个世界上一样，共同为计算机语言的大树添枝加叶，使之愈加繁茂。斯捷潘诺夫素有标准模板库之父的赞誉，施特劳斯特鲁普则被冠以 C++ 之父的美名，注定都会名列史册了。

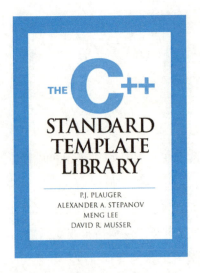

图 4.1　《C++标准模板库》封面 /Prentice Hall 出版社

　　C++标准程序库是类库和函数的集合，使用核心语言写成。标准模板库是 C++标准程序库的子集，包含 4 个组成部分：算法、容器、函数对象和迭代器。这 4 部分构成 C++中现有的共同类的集合，只要支持一些基本运算法则，就可以用于任何一个内置型和用户自定义的型。斯捷潘诺夫之所以能做出这项杰出工作，实际上源于他对数学特别是抽象数学的深刻理解和对数学发展历史的了悟。

2. 斯捷潘诺夫和数学

　　斯捷潘诺夫(如图 4.2)1950 年 11 月出生于莫斯科。1967 年到 1972 年，在莫斯科国立大学学习。1973 年在莫斯科市立师范学院(Moscow District Pedagogical Institute)获得教师资格证书。他并不是很喜欢抽象的数学，从来就没有对像玉河数(Tamagawa number)或考克斯特群(Coxeter group)之类的数学产生过特别的兴趣。

图 **4.2**　斯捷潘诺夫/维基百科①

与哈代热衷从事数学研究不同，他渴望做点具体的实事。尽管他
一心要离开数学，梦想到其他领域施展才华，但是他毕竟在数学
学堂里接受了严格的数学训练，所以他拥有坚实的数学基础，对
数学发展史亦有深刻理解。毕业后，他有幸成为一名程序员，而
计算机科学领域与数学正好有着千丝万缕的联系，使他可以乘上
数学的东风，最终在计算机领域成了足以流芳百世的业界翘楚。
不过，他讲的一个小故事说明数学基础并不等于计算能力：他第
一个计算机考试是通过—不通过那种，而他却考了好几次。他以
为读完课本就可以考过，最后发现必须亲自写程序才能学会。

　　1972 年，斯捷潘诺夫和别人一起为一个水电站开发一台微型
计算机，他参与了设计、测试、操作系统和编程工具的全部环节，

---

　　①　此作品由 Paul R. McJones 提供授权。

从中得到了软件可靠性和有效性的第一手经验。同时，他还读到了著名计算机科学家高德纳和戴克斯特拉的书。而他们两人也都是从数学起家的。一直到很多年以后，斯捷潘诺夫还经常阅读这两位计算机学家的著作并得到新的感悟。

1976 年，他移民美国，受聘于通用电气研究中心。在通用电气公司的 5 年对他来说至关重要。在那里，斯捷潘诺夫与其同事一起为通用电气开发出一种新的程序语言 Tecton。为此，他大量地阅读文献，其中有关于计算机语言设计的论文，也有亚里士多德的著作，还有 14 世纪逻辑学家奥卡姆的威廉的逻辑理论。由于他经受过严格的数学训练，所以从古代逻辑学理论中领悟到了在自然语言中的逻辑结构及其性质。

1984 年，斯捷潘诺夫成为纽约大学理工学院（Polytechnic Institute of New York University）计算机系的助理教授。他一边教一边学，从而掌握了更多的计算机理论。他还开发了一套算法库和数据结构的框架，这就是他后来合作开发的 Ada 泛型（Ada Generic Library）的雏形。

在离开纽约大学理工学院后，斯捷潘诺夫在贝尔实验室短暂工作了一段时间，负责开发 C++ 的算法库。1988 年，他又到惠普总部工作，主要负责计算机的数据储存系统。但是他仍然对泛型念念不忘。1993 年，他终于有机会从事泛型计算的研究，成功开发出了 STL。但在 STL 被 ANSI/ISO 接受为"标准"（1994 年 7 月）后仅仅 5 个月，惠普却意外停止了他的研究。由于他对 STL 情有独钟，万般无奈下不得不离开惠普。1995 年，他跳槽到硅图[计算机系统]公司（Silicon Graphics [Computer System] Inc.，SGI），继续从事他喜爱的事业，组织起一批人进一步完善 STL。

斯捷潘诺夫对计算机科学的最大贡献就是发明了 STL，STL 也自然成了他的一个标签。说起来，他也是因祸得福，STL 缘于他的一次食物中毒事件。他曾幽默地说："STL 是一次细菌感染的结果。"那是 1976 年，当时他还在苏联。有一次，在吃了生鱼后不幸食物中毒，不得不住进了医院。但躺在病床上的他并未停止思索。他在思考一个并行约简算法时，突然灵光一闪，这个算法之所以能够并行运行是由于其运算对象的半群结构，亦即算法是定义在代数结构之上的。但是对于一个算法，如何找到一个结构，使得这个算法是定义在这个结构上的呢？之后，又过了两年的时间，他逐步意识到，必须在常规的公理之上增加一定的限制，扩展自己要研究的结构，于是他决心搞出一套抽象的结构来，由此开始了长达 15 年的潜心研究。他要为算法找到可以更广泛表达的途径，有时候可以为一个算法琢磨一个月。起初，身边的人不能理解他为什么要这样做，但他不管这些，坚持在自己认定的方向上努力。

总之，从 1972 年以来，斯捷潘诺夫先是在苏联，后来在美国，一直在从事与操作系统、编译器和编程库等与编程相关的工作。似乎从表面看来，他做的工作与数学无关，俨然一副已和数学分道扬镳的态势。其实不然，正如他自己所说的那样，我们不需要把编程硬性地联系到数学上，说到底，编程的性质是数学学科，因为计算机程序就是操作整数、形状、序列等一些抽象的数学对象，编程和数学的联系是内在的。可以说，他创造的 STL 就是这一思想的自然产物。

斯捷潘诺夫说："我相信，迭代器对于计算机科学的重要性就像环论和巴拿赫空间对数学的重要性一样。每当我看一个算法时，都会试图找到一个定义它的结构。"因此，斯捷潘诺夫不餍足于仅给出一个具体的算法，他力图给出算法的一般性描述。功夫不负有心人，有了这样的一般性思想，STL 也就成了顺理成章的自然结果。虽然人们往往不能理解他的这种做法，不过幸运的是，STL 成了意外中的必然，人们欣然接受了它。毋庸讳言，这是广大程序员的福气。

3. 最大公测度：上下 2 500 年

斯捷潘诺夫在世界各地做过很多精彩的演讲，其中有一个是"最大公测度：上下 2 500 年"（Greatest Common Measure：the Last 2 500 Years）。下面我们来共同体味一下他在演讲中的思想脉络。

我们都知道，两个整数 n 和 m 的最大公约数是指这两个整数的公共因数中最大的一个，记作 $\gcd(n, m)$。"gcd"这个记号是最大公约数的英文名称"greatest common divisor"中各个单词的首字母的组合。比如，$n=54$ 和 $m=24$，我们先对它们进行分解，

n 的因子为：1，2，3，6，9，18，27，54；

m 的因子为：1，2，3，4，6，8，12，24。

它们的公共因子为：1，2，3，6。所以，$\gcd(54, 24)=6$。

因此，如果我们要度量这两个数的话，最大的公约数是 6。从这个意义上说，人类对这个问题的研究已经有了 2 500 年的悠久历史。

现存于美国哥伦比亚大学图书馆的古巴比伦泥版文书"普林顿 322"（Plimpton 322，如图 4.3），其形成年代大约在公元前 1600 年之前，因其最初的收藏者为普林顿且收藏编号为 322 而得此名号。

图 4.3 古巴比伦泥版文书"普林顿 322"/维基百科

它记录了 15 个勾股数组，涉及的最大的一个勾股数组是（18 541，
12 709，13 500）。相信即便哪个数学神人也不能随意写出这些数，
因此，可以推断，古巴比伦数学一定已经有了某种算法。

毕达哥拉斯（如图 4.4）是古希腊哲学家，研究领域宽泛，遍及
天文、数学和音乐。他认为数学可以解释世界上的一切事物，对
数字痴迷到几近崇拜的程度，并以万物皆数作为其学派的宗旨。
他用数学研究乐律，发现彼此间音调和谐的锤子有一种简单的数
学关系——它们的质量彼此之间成简单比，或者说简分数，由此
产生的"和谐"的概念对古希腊后来的哲学家的影响非同小可。古
希腊音乐理论家亚里士多塞诺斯评价说："他把对算术的研究推崇
到至高无上，并且把算术从商业领域中抽象出来。"虽然古巴比伦
数学比毕达哥拉斯要早 1 000 多年，但毕达哥拉斯却是首先证明勾

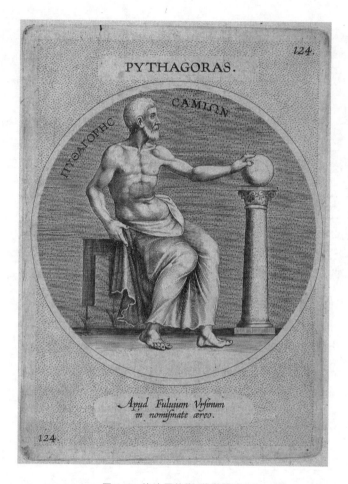

图 4.4　毕达哥拉斯/维基百科

股定理的西方人，所以勾股定理又称毕达哥拉斯定理。

　　为了把世界万物都归到数上，人类需要一个绝对的共同度量——一条最小的可能线段。但是不管我们挑选多小的线段，总有不能测量的线段。古人在这方面做了极大的努力，甚至到了非理性的地步。就拿勾股定理来说，毕达哥拉斯虽然证明了这个定理，但是他坚持认为直角三角形的直角边和斜边有一个公度。我们现在知道，一个单位正方形的对角线的长度是 $\sqrt{2}$，是不能用 1 公度的，可以用勾股定理来证明。当毕达哥拉斯学派里的数学家希帕苏斯用几何方法证明 $\sqrt{2}$ 无法用整数及分数表示时，毕达哥拉斯拒绝接受这个事实。我们在第 2 册第五章"$\sqrt{2}$，人们发现的第一个无理数"里谈到了这段历史。

　　回到最大公约数的算法上，我们现在能找到的算法属于欧几里得，首次出现于欧几里得的《原本》(第 VII 卷，命题 i 和 ii)中(大约公元前 300 年)，所以它是现在仍在使用的算法中最早出现的。他的算法就是我们现在所说的辗转相除法(Euclidean algorithm)。我们来看看辗转相除法的计算过程。注意下面的计算是现代的方法，不是欧几里得当初的计算过程。

　　给定两个自然数 a 和 b，不妨假设 $a > b$。设 k 表示步骤数(从 0 开始计数)，算法的计算过程如下。

　　在计算第 1 步($k=0$)时，b 除 a 得商 q_0 和余数 r_0，即：$a=q_0 b+r_0$。欧几里得当初的计算过程是重复地从 a 中减 b，直到结果小于 b。这实际上就是做除法。在计算第 2 步($k=1$)时，用前一步中的除数 b 做新的被除数，用余数 r_0 做新的除数，计算得商 q_1 和余数 r_1，即：$b=q_1 r_0+r_1$。以此类推。整个算法可以用如下等式表示：

$a=q_0 b+r_0,$

$b=q_1 r_0+r_1,$

$r_0=q_2 r_1+r_2,$

$r_1=q_3 r_2+r_3$

…

若 $a < b$，则第 1 步计算的结果是交换两个变量的值。因为当

$a < b$ 时，a 和 b 相除得到的商 $q_0 = 0$，余数 $r_0 = a$。所以在运算的每一步中得出的余数一定小于上一步计算的余数。由于每一步的余数都在减小并且不为负数，必然存在第 N 步时余数为 0，使计算过程终止，这时的除数就是 a 和 b 的最大公约数。其中 N 不可能无穷大，因为在 r_0 和 0 之间只存在有限个自然数。

我们可以把以上的计算过程总结如下：

```
function gcd(a，b)
    while b ≠ 0
        t：= b
        b：= a mod b
        a：= t
    return a
```

这里，a mod b 是余数。上面的算法就是把 b 取作前一步的余数，把 a 取作前一步的商。如果用欧几里得当初的计算过程来表示，我们只要把其中的求模（b := a mod b）的一步换一下就可以了：

```
function gcd(a，b)
    while b ≠ 0
        if a > b
            a：= a − b
        else
            b：= b − a
    return a
```

不要小看这一步。据说从欧几里得的算法到现代的除法一共经历了整整 1 500 年。

我们还是回到更现代的除法算法。不过，上面的算式是用伪代码表示的。因为斯捷潘诺夫是在 C++环境下推出的标准模板库，下面我们用 C++语言来改写上式：

```cpp
unsigned int gcd(unsigned int a，unsigned int b) {
    while (b！==0) {
        unsigned int t=b;
        b=a mod b;
        a=t;
    }
    return a;
}
```

这里，"unsigned int"是 C++语言里一种整型变量，从 0 到某一个很大的正整数，这个上限以计算机的不同而不同。在应用中，我们可以把这个整型变量当作非负整数的集合。

有读者到这里可能会问了：为什么一定要"unsigned int"呢？是呀，在欧几里得的年代，我们可以理解，但到现在了，为什么不把所有的整数都包括进去呢？所以我们可以得到下面的 C++程式：

```cpp
int gcd(int a，int b) {
    while (b！==0) {
        int t=b;
        b=a mod b;
        a=t;
    }
    return a;
}
```

　　这显然是辗转相除法从正整数到整数的一个推广。与前程式的唯一区别是我们把"unsigned int"换成了"int"。如果读者有模板的概念，那么很容易写出一个程式，把"unsigned int"和"int"两种情况都包括进去。这是后话。让我们继续讨论辗转相除法的推广。

　　下面的 4 个例子已经超出了中学数学的范围，跳过去不影响对本章核心思想的理解。学过高等代数的人都知道辗转相除法也推广到了多项式上。我们无从考证多项式的辗转相除法是由谁发现的，但对多项式方程的求解可以追溯到 15 世纪。斯捷潘诺夫声称多项式的辗转相除法（以及整数的辗转相除法）是 1 600 年前后法兰德斯数学家、工程师斯特芬（如图 4.5）的功劳。如果真是这样，斯特芬可以说是 STL 的鼻祖了。对多项式，我们可以把辗转相除法用下面的程式来表达：

图 **4.5**　斯特芬/维基百科

```
polynomial gcd(polynomial a，polynomial b) {
    while (b! ==0) {
        polynomial t=b;
        b=a mod b;
        a=t;
    }
    return a;
}
```

与整数的辗转相除法的程式相比，我们可以看到，我们只是把"int"换成了"polynomial"（多项式）。斯特芬考虑的是实数上的多项式。不过那个时候已经有了复数的概念。为了明确说明是实数上的多项式，我们可以在 polynomial 的后面再加上一个符号：。于是我们得到：

```
polynomial<real> gcd(polynomial<real>a, polynomial<real>b){
    while (b ! ==0) {
        polynomial<real> t=b;
        b=a mod b;
        a=t;
    }
    return a;
}
```

类似地，高斯研究了形如 $ni+m$ 的复数的辗转相除法。对于这一类数，辗转相除法的程式为：

```
complex<int> gcd(complex<int> a，complex<int> b) {
    while (b ! ==0) {
```

```
        complex<int> t=b；
        b=a mod b；
        a=t；
    }
    return a；
}
```

更现代的有欧几里得整环上的辗转相除法。这要归功于戴德金、爱米·诺特和范德瓦尔登：

```
EuclideanRingElement gcd(EuclideanRingElement a，Euclide-
        anRingElement b) {
    while (b ！ ==0) {
        EuclideanRingElement t=b；
        b=a mod b；
        a=t；
    }
    return a；
}
```

现在，我们无须再举出更多的例证就已经看到，同样一个算法适用于不同的对象：正整数、整数、多项式、复数、欧几里得整环等。在 C＋＋里，这些对象可以用一个词来表达："类"（Class）。斯捷潘诺夫的功绩就在于他把对类上的具有共性的程式抽象成了标准模板并建立了一个标准模板库。从他对辗转相除法发展历史的研究，我们可以清楚地看到他是强烈地受到数学，特别是抽象数学的影响。让我们记这些类为"T"，并假定在"T"上可以做"mod"运算。这里，"T"由"Type"而来。他不喜欢"面向对象程序设计"（Object Oriented Programming，OOP），所以，他不愿用"类"说话。因为是对一类对象共用的程式，我们在前面再加上一个新的名词"template"，这样我们就得到了一个辗转相除法的标准模板：

```
template T gcd(T a，T b) {
    while (b ! ==0) {
        T t=b;
        b=a mod b;
        a=t;
    }
    return a;
}
```

瞧，多么简洁，多么漂亮！这就是模板库的威力。斯捷潘诺夫对数学可以说是一往情深。他认为，计算机科学是建立在数学之上的精确的学科，他说："程序设计就像同未理顺的复杂性问题打的一场战斗，既然要打这场战斗，而数学首当其冲，几个世纪以来，数学的作用正在于此。如果将现在生动的数学体系作为实验证据，对于解决人类遇到的复杂性问题，数学还是最有效的。"他在一次中国记者的采访中还说："中国是一个伟大的国家。曾有过许多伟大的数学家：秦九韶的《数书九章》就是古代数学中的经典；《孙子算经》中已包含现代西方称之为中国剩余定理的内容。现代中国也产生过许多真正的伟大的数学家，如对哥德巴赫猜想做出杰出贡献的陈景润先生。"（见"程序基于精确的数学——STL之父 Alex Stepanov 访谈录"一文）

欧几里得算法的扩展叫作"扩展欧几里得算法"，也称为"裴蜀定理"。对于这个扩展的命名，就有些张冠李戴了，因为首先得到这个扩展的不是法国数学家裴蜀，而是另一位法国数学家梅齐里亚克。裴蜀推广了梅齐里亚克的结论，并讨论了多项式中的裴蜀等式。

斯捷潘诺夫在"最大公测度：上下 2 500 年"演讲的最后，给青年人提出建议，要学好几何和代数。他说："几何教你设计的感觉""代数教你变换的技术"。他建议大家阅读欧几里得的《原本》和克莱斯特尔的《代数》(*Algebra：An Elementary Text-Book for the Higher Classes of Secondary Schools and for Colleges*)。另外，他还有一个更长的推荐书清单：

- David Fowler，The Mathematics of Plato's Academy，Oxford，1999.
- John Stillwell，Mathematics and Its History，Springer-Verlag，1989.
- Sir Thomas Heath，History of Greek Mathematics，Dover，1981（2 volumes）.
- Euclid，Elements，translated by Sir Thomas L. Heath，Dover，1956（3 volumes）.
- B. L. van der Waerden，Geometry and Algebra in Ancient Civilizations，Springer-Verlag，1983.
- Robin Hartshorne，Geometry：Euclid and Beyond，Springer-Verlag，2000.
- Lucio Russo，The Forgotten Revolution，Springer-Verlag，2004.

- Laurence E. Siegler, Fibonacci's Liber Abaci, Springer-Verlag, 2002.
- Nicolas Bourbaki, Elements of the History of Mathematics, Springer-Verlag, 1999.
- Carl Friedrich Gauss, Disquisitiones Arithmaticae, Yale, 1965.
- John Stillwell, Elements of Number Theory, Springer-Verlag, 2002.
- Peter Gustav Lejeune Dirichlet, Lectures on Number Theory, AMS, 1999.
- Richard Dedekind, Theory of Algebraic Integers, Cambridge, 1996.
- B. L. van der Waerden, Algebra, Springer-Verlag, 1994.
- Donald Knuth, Art of Computer Programming, vol. 2, Seminumerical Algorithms, Addison-Wesley, 1998.
- Josef Stein, Computational problems associated with Racah algebra, J. Comput. Phys. , (1967) 1, 397-405.
- Andre Weilert, (1+i)-ary GCD Computation in Z[i] as an Analogue of the Binary GCD Algorithm, J. Symbolic Computation (2000) 30, 605-617.
- Ivan Bjerre Damgard and Gudmund Skovbjerg Frandsen, Efficient algorithms for GCD and cubic residuosity in the ring of Eisenstein integers, Proceedings of the 14th International Symposium on Fundamentals of Computation Theory, Lecture Notes in Computer Science 2751, Springer-

Verlag（2003），109-117.

• Saurabh Agarwal，Gudmund Skovbjerg Frandsen，Binary GCD Like Algorithms for Some Complex Quadratic Rings. ANTS 2004，57-71.

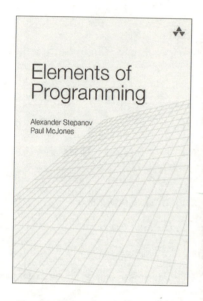

图 4.6　《编程原本》和《从数学到泛型编程》封面 /Pearson Education 出版社

　　很难想象，现在的数学家和计算机学家中有多少人阅读过这些书。斯捷潘诺夫和麦克琼斯合著了一本书，叫作《编程原本》（*Elements of Programming*），2012 年已有中译本面世；2015 年他又与人合写了一本书《从数学到泛型编程》（*From Mathematics to Generic Programming*）（如图 4.6）。在此顺便介绍给大家，希望有志编程的人士从中有所收获。对于斯捷潘诺夫而言，C＋＋中的 STL 是他成功的里程碑，但他对这个人们已经普遍接受了的 STL

又不太满意。他说这是一个多方妥协的结果，是一个不得不接受的现实。他脑子仍然坚持着所追求的泛型编程思想，因为它有着深刻的数学背景。他希望有朝一日会有人继承他的思想。这是他出版《从数学到泛型编程》的主要动力。

Ｑ有读者可能会问，既然 STL 源于数学，那么 STL 里包括数学吗？STL 里包含了一些数学的对象，但它并没有包含太多的数学。C++不是为数学计算而开发的，而且把数学的主要分支都包括进去过于庞大。需要用基本数学函数的用户可以调用<cmath>。需要使用大量数学计算（例如矩阵运算）的用户可以找到很多相应的程序包（例如 Boost C++）。

虽然 STL 在 C++里取得了成功，但是 STL 却不是 C++（施特劳斯特鲁普最初把它叫作"包含类的 C 语言"）中面向对象程序设计的一部分。事实上，斯捷潘诺夫是一位面向对象程序设计思想的反对者。C++的成功证明了它强大的兼容性。另一方面，C++的面向对象程序设计思想也可以大量地在数学思想中找到。有不少 C++的书籍都是从正方形、三角形和圆这些对象开始的。这些都值得专文讨论。

对于还没有学过 C++和 STL 的读者来说，这一章中的一些文字可能有些令人费解。但我们所希望的是读者能看到扎实的数学基础对于一个"转行"的数学家是多么重要。扎实的数学基础加上主观能动性是优秀程序员与平庸程序员的分水岭。不管对 STL 了解多少，我们都建议读者考虑一个例子：题如何用 STL 写出内积。在这里我们要注意的是实数域上向量的内积与复数域上向量的内积的区别。问题是如何将它们统一起来。

在我们转入下一小节之前，我们来做几道纯数学题：

题 求多项式 $x^4 - 2x^3 + 5x^2 - 6x + 6$ 和 $x^3 - 3x^2 + 4x - 2$ 的最大公约式。

题 已知多项式 $x^2 + x + 1$ 整除多项式 $x^5 - 7x^4 - 2x^3 + x^2 + ax + b$，求 (a, b)。

题 设 a，b，c 是 3 个正整数，其中任何两个数的最大公约数都大于 1，但 $\gcd(a, b, c) = 1$，求 abc 的最小值。

4. 计算复杂度的开始

Q 1844 年，法国数学家拉梅证明，欧几里得算法所需做的除法次数不超过两个数中较小的那个数的十进制位数的 5 倍。这个分析开启了计算复杂度理论。关于计算复杂度，我们在第三章"霍尔和快速排序"里作了介绍。在上面对辗转相除法的讨论中，其实我们忽略了一个最初希腊人的算法：反复从大的数中减掉小的数。这是因为本质上除法代替了减法，而且斯捷潘诺夫的兴趣不在辗转相除法的历史上。那么，当我们不用除法而只用减法时，这个算法的复杂度到底增加了多少呢？高德纳和图灵奖获得者姚期智共同证明，在平均的意义下，计算复杂度为

$$6\pi^{-2}(\ln n)^2 + O(\lg n (\lg\lg n)^2)，$$

其中 n 是两个数中较大的一个。上述两个复杂度的表述不一致。请读者 **题** 将拉梅的表述转成两个数中较小的数 m。注意拉梅给出的是最坏情况下的复杂度估计，而高德纳和姚期智考虑的是平均意义下的估计。二者还是不同的。

参考文献

1. P. J. Plauger，A. A. Stepnanov，M. Lee，D. R. Musser. The C＋＋ Standard Template Library，Prentice Hall，2000.

2. A. Stepanov. Paul McJones. Elements of Programmin，Addison-Wesley，2009.

3. A. Stepanov. Greatest Common Measure：the Last 2500 Years. http：//www. stepanovpapers. com/gcd. pdf.

4. A. Stepanov，D. E. Rose. From Mathematics to Generic Programming，Addison-Wesley，2015.

5. G. Lamé. Note sur la limite du nombre des divisions dans la recherche du plus grand commun diviseur entre deux nombres entiers. Comptes Rendus Acad. Sci. 1844，19：867-870.

6. D. E. Knuth. Selected Papers on Analysis of Algorithms，Addison-Wesley，2000.

7. D. E. Knuth. A. C. Yao. Analysis of the Subtractive Algorithm for Greatest Common Divisions，Proceedings of the National Academy of Sciences of the United States of America，1975，72：4 720-4 722.

8. D. E. Knuth. Evaluation of Porter's Constant，Computers and Mathematics with Applications，1976(2)：137-139.

9. 李文林. 数学史概论(第三版). 北京：高等教育出版社，2011.

第五章　再向鸟儿学飞行

　　我们有一个梦，想要去飞翔，与清风为伴，有白云作陪，一揽苍穹浩宇的辽阔，尽享天高云淡的清幽。

1. 向鸟儿学飞行的历史

　　像鸟儿一样自由自在地去飞行，不只是我们的一个梦，也是自古以来全人类的一大梦想。在 19 世纪末和 20 世纪初，许多航空先驱如雨后春笋般陆续涌现，他们万念一心，学习鸟儿飞向蓝天，甚至有些人不惜付出青春与生命的代价。李林塔尔在 1895 年进行过滑翔试验（如图 5.1）。

图 **5.1**　李林塔尔在 1895 年进行的滑翔试验 / 维基百科

　　在这些追梦人中，捷足先登和首屈一指的是美国的莱特兄弟威尔伯·莱特和奥维尔·莱特。他们在 1903 年 12 月 17 日勇敢地驾驶自行研制的固定翼飞机飞行者一号凌空飞起，实现了人类史上首次重于空气的航空器持续而且受控的动力飞行，开创了人类航空史的新纪元（如图 5.2）。不言而喻，他们是时代的翘楚，不愧有现代飞机的发明者的美誉。

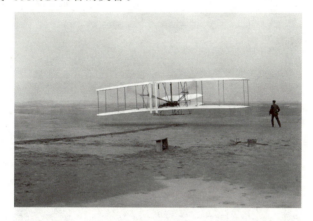

图 5.2 莱特兄弟飞行者一号的首次飞行 / 维基百科

　　难以想象，仅仅 100 多年后的今天，人类就早已实现了自我超越，不再单纯地模仿鸟类飞行，已经实现了嫦娥飞月的美丽憧憬，飞向火星和更远星空的计划也在紧锣密鼓地进行。不过，模仿鸟类飞行的尝试却没有戛然而止。近年来，有一些澳大利亚皇家墨尔本理工大学的科学家发挥想象，倾力制造一种像鸟类一样飞翔的飞行器。他们的想法是：为飞行器安装实时风力感知系统，通过侦测出高层建筑间的上升气流，从而利用这些气流实现飞行。他们自认为这在室内是完全可行的。德国 Festo 公司也对其兴趣有加，对外公布过人造鸟，外形与银鸥相似，全身采用仿生学设计，鸟类特有的曲线与造型都十分形象逼真，能够像真正的鸟类一样起飞、滑翔、降落，其翅膀的舞动方式和角度都与真鸟相差无几。也有人大胆地尝试翼装飞行，甚至有人因此命丧黄泉。

2. 再向鸟儿学飞行的必要性

鸟儿的飞行技艺精湛，人类不能与之同日而语。今天，我们需要再向鸟儿学飞行，不仅模仿它们的个体飞行技术，而且研习它们的群体飞行技术（如图 5.3）。

图 5.3   一群小海雀形成的奇特形状/维基百科

世界上几乎天天都会有撞车事故发生，而飞机相撞或几乎相撞事件也时有发生。是不是羞愧难当呢？更重要的是，目前无人驾驶飞机（以下简称无人机）开始普及。美国飞行管理局预测，无人机将大批进驻民用航空领域，而最令人头痛的是安全问题。有人驾驶的飞机在进入空域之前都必须提前报备，纳入飞行计划，但无人机则很难做到这一点。事实上，现在持有小型无人机的人与日俱增，有多少人事先向官方申请升空了呢？令人深思的是，已经有无人机撞上大客机的报道。因此，制定出一个切实可行的管理规则势在必行。

上面是从管理角度来说的。从无人机本身来说，制造者和拥有者想的是，如何让自己的无人机自动回避障碍，躲开危险？一个最容易想到的方法是在机身上安装各种敏感器。这不是我们的重点。我们的思路是，如何让一群飞机（包括无人机）合作起来，相互避免碰撞。这对军事上使用无人机群队作战极为重要。这就需要向鸟儿学习了。

人们惊喜地发现鸟类、鱼类、蝙蝠、企鹅等动物具有群聚特征，即便在数量庞大的时候，它们也能协调行动，互不相撞，真正达到和谐一致。于是，科学家们开展了一系列的研究，寻求一些规律，以便在计算机上实现模拟和应用。其中，美国人工生命和计算机图形专家雷诺尔兹发明的"Boids"人工生命计算机模型，就是一种有关动物协调运动的计算机模型，享誉世界。它主要以通常应用在计算机动画和计算机辅助设计的 3 维计算几何为基础。"Boids"这个名称有鸟儿的痕迹，就是指"像鸟儿一样的对象"。

3. 什么是 Boids 模型

有史可鉴，雷诺尔兹是在 1986 年设计出 Boids 模型的。事实上，1982 年他就曾担纲过电影 Tron 的场景设计。1992 年，他还曾参与伯顿执导的电影《蝙蝠侠归来》（*Batman Returns*），是图像设计成员之一。1998 年，在电影制片的 3 维计算机模拟方面的开创性贡献，为他赢得了奥斯卡科学技术奖（Academy Scientific and Technical Award)的无上荣耀。

简单地讲，Boids 模型是一种用计算机来模拟鸟类群体运动的动画。它的首次问世是在 1987 年，雷诺尔兹以"Flocks，herds and schools：A distributed behavioral model"为题，发表在计算机协会的一个计算机图像会议（SIGGRAPH）的论文集中。数月之后，在一场史无前例的关于人工生命的专题讨论会上，他有幸进行了报告。自此，Boids 模型名声大噪，在人工生命原则中经常被引用。

Boids 是一种突发行为（emergent behavior），具有复杂性的一般行为来源于其局部简单行为的相互作用。雷诺尔兹多次对群鸟仔细观察和实验后发现，自然界中的群鸟飞行虽时聚时散，但大体保持一致的方向飞行，是一种群聚智能与高秩序性的行为，飞行中的每个个体都遵循一些简单的原则，在这些简单原则的共同制约下，形成群体中个体之间的相互作用。他总结出了 Boids 的个体所遵循的 3 个最基本的原则（如图 5.4）：

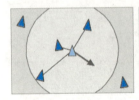  

间隔原则（separation）　　调整对齐原则（alignment）　　内聚原则（cohesion）

图 **5.4**　Boids 的 3 个基本原则 /雷诺尔兹

间隔原则：要避免与局部的邻居相碰撞，若离得太近就要选择避开；

调整对齐原则：要与局部的邻居的平均飞行方向保持一致；

内聚原则：飞向局部的邻居的平均位置或整个群体的中心位置。

除了这 3 个基本原则，一个更加详细的行为模型，还需遵循一些比较复杂的原则，比如规避障碍物以及寻找目标等。规避障碍物允许当 Boids 规避静态物体时飞过仿真的环境(如图 5.5)。对于其在计算机动画中的应用，寻找目标并不是规划路径的先决条件。

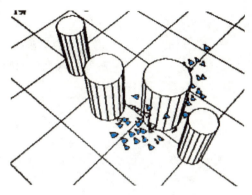

图 **5.5** 模拟 Boids 规避圆柱形障碍物(1986) /雷诺尔兹

有了这些原则后，就可以把它们的行为用计算机语言来实现动画模拟了，亦即用计算机屏幕上的动点模拟出类似鸟类飞行的生动画面。最简单的 Boids 模型是基于上述最简单的 3 个原则，其中每个个体的行为都依赖于其他相邻个体的方位和速度。每一个个体都与鸟群整体直接相关，但是鸟群又要求它只对其临近的个体的行为有所反应。

具体来说，就是以计算机屏幕上的动点代表鸟类的个体，这样一组动点就代表整个鸟类群体。通过给每个动点设置坐标、速度等参数，把现实世界中真实的鸟映射到计算机的虚拟世界中，其动态行为就可以比拟现实世界中的鸟类群聚行为。用距离和角度来刻画一个个体的邻居，距离是从个体的中心开始量起，角度是从个体的飞行方向开始量起。忽略局部邻居之外的鸟。可把邻近区域(neighborhood)看作局部直觉的模型(比如鱼在浑浊的水

中），但是把它定义为影响某个个体飞行行为的区域可能更加
合适。

由于现实中的鸟是有视角和视距范围的，为了与之相对应，
Boids 模型中的每只虚拟的"鸟"也要对视角和视距范围进行设置。
在下面的图中，每只"鸟"能够看到的范围其实就是一个扇形区域，
所以影响它的仅是其视力范围内的其他"鸟"和物体（如图 5.6）。

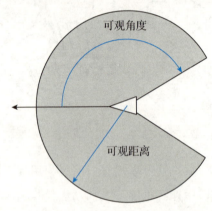

图 5.6　Boids 模型中的个体视觉范围 /雷诺尔兹

在这些原则的约束下，Boids 模型中的模拟鸟群就会像现实中
的鸟群一样在虚拟世界中飞翔。每当一只"鸟"发现前方有障碍物
时，就很快调整自己的飞行方向，来尽可能避开障碍物。整个"鸟
群"就会随机应变，灵活地避开障碍物，重新组织聚集飞行的姿态
和方式。值得一提的是，Boids 模型中的"鸟群"所具有的群聚智能
与现实世界中的鸟群几乎相同。

作为一种仿生现象，Boids 模型的一个重要属性是在一个适度
的时间范围内具有不可预测性。例如，在某一时刻，"鸟群"也许
主要从左往右飞行，我们不能预测到 5 min 后它们将飞向哪里。但

在非常短的时间范围内，这种运动又十分具有可预测性，比如从现在开始的 1 s 内，"鸟"的飞行方向几乎是确定的。这一性质对复杂系统来说是独特的，可以与混沌行为（不论在多长时间内都具有不可预测性）和有序行为（静态的或周期性的）相比照。它与美国生物学家、仿生领域开创者之一兰顿 1990 年的观察也不谋而合，即仿生现象处于混沌的边缘。

4. Boids 模型的计算机实现

在计算机模拟中，我们必须把每只鸟都看作一个独立的个体。由此开发出来的模型就是个体为本模型（agent-based model）。所有个体的集合成为一个群体，由此产生的计算机模拟就是多代理人系统（multi-agent system）。这种系统被广泛应用在博弈论、复杂系统、计算社会学和演化计算中，可以再现和预测某些复杂现象的特征，模拟多个个体的同时行动及其互动。

已经有很多代理人 Boids 计算机模型系统应运而生。我们首推芝加哥大学一群研究人员所开发的开源软件 Repast 中的 Boids 例子（如图 5.7）。Repast 是时间离散化的多代理模拟环境。Repast

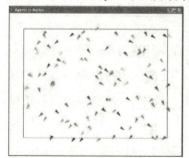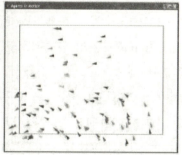

图 **5.7** Repast 中的 Boids 模型——初始状态和 650 步
之后/阿贡国家实验室，马卡尔，诺斯

支持多种语言，我们的例子是用 Java 语言写的。它的主要开发人诺斯目前是美国阿贡国家实验室复杂自适应代理系统仿真中心的负责人。

现在我们简要介绍一下在 Repast 中 Boids 的数据框架，让读者感受一下个体为本模型的群体模拟是怎样进行的。为简单起见，我们将略去一些复杂的记号。所以我们下面的 Java 程序是伪代码。在 Repast 中，每一个 Boid 都生存在一个共同的 2 维空间（space）里，在每一个时刻，它都占据 space 的一个位置（pt）；同时每一个 Boid 又都有自己的一个局部环境（grid），而在局部环境里的所有 Boids 都遵循前面提到的 3 项基本原则。所以 Boid 是这样定义的：

```java
public Boid(space，grid){
    this. space＝space；
    this. grid＝grid；
    heading＝randomRadian（）；
}
```

注意在 Boid 的定义里，我们没有看到它的坐标，这是因为其位置是在 space 中定义的，只有 space 知道在自己的空间里每一个 Boid 的坐标。每一个 Boid 在其生成时有一个随机的方向（heading），以后的方向则在满足 3 项基本原则的条件下计算得出。因为这是一个离散时间模型，我们必须给它在每一步定义一个函数 step()来计算下一步的移动。这个 step()函数中首先调用 forward()函数，它根据前一步计算的方向将 Boid 向前移动；然后是根据 3 项基本原则来确定下一步方向的计算，在本章中我们把这第 2 步暂时记作 compute＿heading()，后面再谈它的编写。

```
public void step(){
    forward();
    heading＝compute _ heading();
}
```

forward()函数的定义如下：

```
public void forward(){
    Point pt＝space. getLocation(this);
    double moveX＝pt. getX()＋Math. cos(heading) * distance;
    double moveY ＝ pt. getY ( ) ＋ Math. sin (heading) * dis-
        tance;
    space. moveTo(this，moveX，moveY);
    grid. moveTo(this，(int)moveX，(int)moveY);
}
```

在 forward()函数中，我们首先通过 space 得到 Boid 的坐标 pt，然后利用三角函数计算移动后的新坐标。我们还必须通知 space 和 grid 它的新坐标。这是 forward()函数中最后两行的作用。grid 将协调局部区域中的 Boids。

我们必须讲一讲前面提到的 compute _ heading()函数。先定义一个辅助函数 avgTwoDirs(angle1，angle2)。它的作用就是将两个角度 angle1 和 angle2 平均。略去细节。我们还必须找出此 Boid 的邻近区域中所有其他 Boid，boidSet。这一步在函数 neighborhood()中完成。我们同样略去细节。现在我们可以定义 3 项基本原则了：

```
public double separatDir(){
    boidSet＝neighborhood();
```

```
// find all boids in the neighborhood that are too close
boidsTooClose;
for(Boid boid : boidSet){
if(distance(boid) < DESIRED _ DISTANCE * 0.5){
    boidsTooClose. add(boid);
  }
}
// if some boids are too close, avoid them
if(boidsTooClose. size() > 0){
  double avgBoidDir=heading;
  for(Boid boid : boidsTooClose){
    avgBoidDir=avgTwoDirs(boid. getHeading(), avgBoidDir);
  }
double distanceToClosestBoid=Double. MAX _ VALUE;
for(Boid boid : boidsTooClose){
  if(distance(boid) < distanceToClosestBoid){
    distanceToClosestBoid=distance(boid);
  }
}
if(distanceToClosestBoid < DESIRED _ DISTANCE * 0.5){
  moveTowards(oppositeDir(avgBoidDir), 0. 2 * separa-
      tionWeight);
}
if(toMyLeft(avgBoidDir)){
  return (heading+turnSpeed)%Math. PI * 2;
```

```
    }else{
        double newHeading＝heading-turnSpeed；
        if(newHeading ＜ 0)newHeading＋＝Math. PI * 2；
        return newHeading％Math. PI * 2；
    }
}
return heading；
}


public double alignmentDir(){
    boidSet＝neighborhood()；
    double avgHeading＝heading；
    for(Boid boid ； boidSet){
        avgHeading＝avgTwoDirs(avgHeading，boid. getHeading())；
    }
    return avgHeading；
}


public double cohesionDir(){
    boidSet＝neighborhood()；
    if(boidSet. size() ＞ 0){
        double avgBoidDir＝boidSet. get(0). getHeading()；
        double avgBoidDistance＝DESIRED _ DISTANCE；
        for(Boid boid ； boidSet){
            avgBoidDir＝avgTwoDirs(boid. getHeading()，avgBoidDir)；
```

```
        avgBoidDistance＝（avgBoidDistance＋distance（boid）） / 2；

    }

    if（avgBoidDistance ＞ DESIRED _ DISTANCE）{

        moveTowards（avgBoidDir，0.2＊cohesionWeight）；

    }

    return avgBoidDir；

}else{

    return heading；

    }

}
```

可以看出，这 3 项原则的算法都是对有关的 Boids 取某种平均。在间隔算法 separationDir() 中，不足够接近的 Boid 都被忽略，如果某一个 Boid 太接近，我们就把它移开。在调整对齐算法 alignmentDir() 中先计算出局部区域中 Boids 的一个平均方向，以此为下一次移动的方向。在内聚算法 cohesionDir() 中，先计算出一个平均方向，如果本 Boid 离局部区域中其他的 Boids 太远，那么就把它的方向改为平均方向。有了这些准备工作之后，我们定义：

```
public double compute _ heading（）{

    double heading1，heading2，deviation

    heading1＝avgTwoDirs（cohesionDir（），separatDir（））；

    heading1＝avgTwoDirs （heading1，heading）；

    deviation＝avgTwoDirs（heading，randomRadian（））；

    heading2＝avgTwoDirs （alignmentDir（），deviation）；

    heading2＝avgTwoDirs（heading2，heading）；
```

heading＝avgTwoDirs(heading1，heading2)；

}

　　美国乔治·梅森大学开发的对时间离散化的多代理模拟环境 MASON 也是一个很棒的模拟环境。MASON 是用 Java 写的，支持 2 维和 3 维的可视化，而且完全免费。更值得一提的是，它的开发人员特别敬业，对寻求帮助反应极快。这是选择一项软件的重要标准。作为实例，MASON 本身已经带有一个 Boids 模型（如图 5.8）。

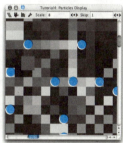

图 5.8　MASON 的 3 个模型 /MASON

　　这两个模型都需要安装相关运行环境。建议读者安装一个系统，也可以在互联网上找到其他现成的 Boids 程序，然后 题 试着运行一下，看其效果。另外，可以 题 从程序中删除 3 个规则中的一个，再看看效果。最后，再 题 增加一个规则（比如回避障碍），然后看看效果。另外，我们还可以 题 假定运行环境是一条弯曲的通道，其实这也是一种回避障碍。

　　注意　Boids 算法的直接应用工具是一个渐进复杂度 $O(n^2)$，每一只"鸟"都需要考虑其他的"鸟"，只需要确定它是不是临近的

"鸟"。但是，若让"鸟"按照其所处位置分类，可以用一个合适的空间数据结构，将渐进复杂度降低到接近 $O(n)$。找出一只位置确定的"鸟"的邻居，只需要研究这些"鸟"。运用算法软件和现代快速的计算机硬件，允许交互作用，就可以模拟真实生活中的大的"鸟群"。对复杂度理论感兴趣的读者可以参阅第三章"霍尔和快速排序"。

Q 一个与鸟群不同的地方应该是，人类有可能赋予自己的 Boids 中心调控。每一个 Boid 都将自己的某些信息发送给一个中央控制台，控制台对它们发出指令。在这样的条件下，这个群体的性质将与鸟类有很大的不同。

Q 避免撞机是一个重要课题。Boids 模型考虑的是局部算法。在更大范围里也需要考虑，但人们需要用不同的算法。另外还要很多不确定性，所以概率也必须被引入模型。

5. 个体为本模型的群体模拟的应用

Q 从计算科学的角度来看，Boids 仅仅是"个体为本模型的群体模拟"的一个例子，也是人工智能中群体智能（swarm intelligence）的一个简单例子。类似的例子层出不穷，MASON 就给大家呈现了蚂蚁群体、弹力橡皮球互动、足球、康威生命游戏、热虫实验、L-系统、无人机、病毒等生动案例。

自 1987 年以来，Boids 模型已在行为动画领域大展拳脚，各种创意令人耳目一新。雷诺尔兹等人在 Symbolics Graphics Division and Whitney / Demos Productions 创作了精彩的动画短片 "Stanley and Stella in：Breaking the Ice"，并在 SIGGRAPH'87 的

电子剧院进行了首次上映，可谓成功至极。

　　柯帕拉创作了栩栩如生的蝙蝠群图像，而廖什和阿斯顿则创作了企鹅"大军"浩浩荡荡、威武雄壮地穿越高谭（Gotham）市街头的动画场景，无不令人叹为观止和赏心悦目。要说这种群体智能的最有军事和经济价值的应用，非无人机莫属。虽然在当今科学技术的制约之下，无人机想要达到有人驾驶飞机中飞行员那样强大的信息处理能力和智能，并不轻而易举，但并非毫无取胜的对策。人们通过模拟自然界中生物的群聚现象，使用相当数量的无人机，也就是在数量上占到绝对优势，那么利用群聚智能，无人机就能出奇制胜，达到或者超过在数量上占劣势的有人驾驶飞机。因此，群聚化、多智能化是无人机发展的一大趋势，甚至不二选择。有人预估，在不久的未来，无人机在整个航空系统的占有量将大幅增加，达到50％以上。从目前的趋势看，任何现有的关于无人机数量的预测都过于保守。让我们举一个例子：亚马逊公司在2013年宣布将开发无人机送货。如果假定它有2％的送货由无人机完成，那么每天就会出动50万次。2014年，购买小型无人机作为圣诞礼物已经成为一种时尚，美国联邦航空管理局急忙在节前推出一个专业，指导民众正确操作这些小型无人机。想象一下，成群的无人机与有人驾驶飞机共享空域，还要躲避飞鸟、风筝、建筑、树木和山峰等，还可能出现传感器失灵、电池不足之类的意外事件。这将比单纯有驾驶员的空域要复杂得多。这方面的法规和研究急需开展起来。

　　总之，伴随生命科学的日新月异，人们对生命本质以及各种生命现象的认识大踏步前进，早已不再囿于生物学的范畴，而是把敏锐的触角伸向数学、计算机科学、信息科学、军事科学等若干领域，并且占有了一席之地。

回眸过去，畅想未来，似乎向鸟儿学飞行给了我们无尽的想象和飞翔的助力。相信随着科技的不断更新和想象力的愈加新奇浪漫，我们的梦一定会更加瑰丽多彩，我们的梦也终将会插上腾飞的翅膀，在更加浩瀚的宇宙星空中自由自在地翱翔。

参考文献

1. Craig Reynolds. Boids. http：//www. red3d. com/cwr/boids/.

2. Craig Reynolds. Interaction with Groups of Autonomous Characters，Feb. 2000.

3. Press Release-FAA Releases Unmanned Aircraft Systems Integration Road-map，November 7，2013.

4. Integration of Civil Unmanned Aircraft Systems (UAS) in the National Air-space System (NAS) Roadmap，2013.

5. MASON. http：//cs. gmu. edu/~eclab/projects/mason/.

6. C. M. Macal and T. R. Howe. Linking Repast and Computational Mathematics Systems：Mathematica and Matlab，Proceedings of the Agent 2005 Conference on Generative Social Processes，Models，and Mechanisms，ANL/DIS-06-5.

7. Charles M. Macal and Michael J. North，Introduction to Agent-based Modeling and Simulation Big，Fast Crowds on the Sony PlayStation 3.

8. Andrew Davison. Killer Game Programming in Java，O'Reilly，2005.

第六章　发电的优化管理与线性规划

在离开学校后，我曾亲身参与过一项发电厂的优化管理项目，至今想来仍觉有趣和难忘。简而言之，这个项目就是开发一个软件，使用户在满足电网上的用电需求的前提下，实现发电机（火力发电站、水力发电站、核电站等）运行的最优化管理。

1. 什么是优化管理与线性规划

何谓最优呢？简单地讲，就是指在所有需要考虑的因素范围内，实现最低的花费或最高的利润。假如电网上的用电需求是全美国（或某个大的区域）一年内每小时（或每半小时）的电力需求，那么要考虑的因素包括：发电机的损坏和维修，输电网的限制，以及各种政策法规的限制等。从数学上来讲，这无外乎就是线性规划。

线性规划是运筹学中研究较早、发展较快、应用广泛、方法较成熟的一个重要分支，是辅助人们进行科学管理的一种数学方法，研究线性约束条件下线性目标函数的极值问题。换言之，线性规划是一类特殊的优化问题，即目标函数和约束条件都是线性时的最优化问题。亦即，如果在一个被超平面包围的有限区域里有一个函数 $f(x_1, x_2, \cdots, x_n) = a_1 x_1 + a_2 x_2 + \cdots + a_n x_n$，希望求出这个函数的最大值或最小值。这就是线性规划问题。

举一个 题 最简单的例子：假定有一个发电厂，自己可以发电 x 千度①，还可以从别的发电厂买电 y 千度。发电的花费是 $ 30/千度，而买进的电价是 $ 50/千度。由于输电线的限制，输出电的总和不能超过 4 000 千度，再由于市场上用电的需求，发电总和必须大于 2 000 千度。我们希望这个组合达到发电花费的最小值。用数学表达式表示就是：

$\min f(x, y) = 30x + 50y$（目标函数）

受限于条件：

$x + y \leqslant 4\,000,$

$x + y \geqslant 2\,000,$

$\quad x, y \geqslant 0.$

这个目标函数在 3 维空间里是一个平面。

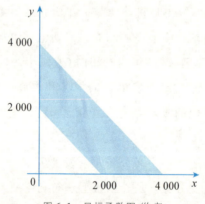

图 **6.1**　目标函数图 /作者

我们要做的是在一个四边形区域（如图 6.1）里寻找它的最小值。容易看出，这个目标函数在四边形区域的最小值一定是在四

---

① 1 千度（MW·h）= 1 000 度（kW·h），即 1 兆瓦时 = 1 000 千瓦时。

边形的某一个顶点上。我们通过计算

$$f(2\,000, 0) = \$60\,000, \quad f(4\,000, 0) = \$120\,000,$$
$$f(0, 2\,000) = \$100\,000, \quad f(0, 4\,000) = \$200\,000$$

可以得出结论:最省钱的办法就是全部自己发电,而且自己发的电越少越好,达到最低要求即可。

再来看一个 题 稍微复杂的例子:一家电力公司每小时必须生产 2 000 千度的电。环境污染条例规定,必须把污染物排放量控制在 2 800 磅[①]/h 以下。这家公司可以有下列选择(如表 6.1):另外,

表 6.1 发电中降低污染的办法

办法	结果	开销 $/MW·h
用现有的燃料	污染=10 磅/千度	$3.50
换用低硫燃料	污染=1.2 磅/千度	$5.00
用过滤器	污染降低 90%	$0.80
购买电力	对当地无污染	$4.00

它能够在电网上输入进来的电力只有 200 千度。这家公司必须制订一个方案,一方面满足用电量的需求和政府对排污量的限制,另一方面把生产成本降到最低。这个问题不太容易,即便建立数学模型都不一目了然。而真正的发电公司面临的数据更为庞大,要选取成千上万个未知变量,此时,人们唯有借助于计算机才能顺利完成工作了。

2. 线性规划的数学定义以及历史回顾

通常,人们把希望求出最大或最小值的线性函数称为目标函

---

① 英制单位。1 磅≈0.453 6 kg。

数。由于求最小值问题很容易转化为求最大值问题。所以，从理论上来讲，我们可以只讨论求最大值问题。这个求极值的问题受到一些线性等式或线性不等式的限制。容易证明，这些限制条件都可以转化为不等式，并且我们可以假定所有的变量都是非负的。于是线性规划的标准形式就被定义为：

$$\max a_1 x_1 + a_2 x_2 + \cdots + a_n x_n,$$

其中 x_1，x_2，$\cdots$，x_n 满足限制条件：

$$b_{11} x_1 + b_{12} x_2 + \cdots + b_{1n} x_n \leqslant c_1,$$

$$b_{21} x_1 + b_{22} x_2 + \cdots + b_{2n} x_n \leqslant c_2,$$

$$\cdots$$

$$b_{m1} x_1 + b_{m2} x_2 + \cdots + b_{mn} x_n \leqslant c_m,$$

$$x_1 \geqslant 0, \ x_2 \geqslant 0, \ \cdots, \ x_n \geqslant 0。$$

这个定义包含变量、目标函数、限制条件 3 个要素，最终求出符合条件的目标函数的极大值，即问题最优的结果。所以，我们在用线性规划解决实际问题时，只要把握住这些要素就可以建立起合适的数学模型，使问题圆满解决了。

表面看来，线性规划只是优化问题中的一个特例，实质上，它的应用远超二次规划、非线性规划等其他类型的优化问题，广泛应用于军事作战、经济分析、经营管理和工程技术等方面，为人们合理利用有限的人力、物力、财力等资源做出最优的决策来提供科学依据。

虽然线性规划的应用广泛性有目共睹，但却是数学领域里的一个还算年轻的学科。在第二次世界大战期间（1939 年），苏联数学家和经济学家康托洛维奇（如图 6.2）为了完成苏联政府交给他的优化胶合板生产的任务而发明了一种全新的数学算法来解决生产

图 **6.2**　3 位线性规划的先驱康托洛维奇、丹齐格和冯·诺伊曼/维基百科，
OR/MS Today

计划问题，他的算法可以帮助苏联政府计算军队支出和回报。此后，他进入苏联的军事大学当教授。而他的这个算法一直被作为机密到战争结束之后，甚至在苏联都不为人知。因此，苏联可能是用兵效率最高的国家。遥想那时我们还是小米加步枪打游击战呢，而苏联已经在自觉地将数学运用在军事运筹之中了。

　　1947 年，美国数学家丹齐格宣布了他的单纯形法（simplex algorithm），有意思的是，他也是为了军事运筹而发明了这个算法，他的服务对象是美国空军，他使得美国空军可以优化飞行大队和飞行员的调度。同时匈牙利裔美国数学家冯·诺伊曼得到了线性规划的对偶理论，大大促进了线性规划的应用范围。有一次，冯·诺伊曼去听丹齐格关于单纯形法的讲座。几分钟后，他就意识到这套理论可以用在自己正在研究的博弈理论中。于是讲座交换了角色，丹齐格礼貌地让位于冯·诺伊曼，冯·诺伊曼则兴味盎然地开始讲述凸集、不动点和对偶，就这样过了 1 h 后，冯·诺伊曼得出了自己的矩阵博弈理论和线性规划是等价的结论。1975 年，康托洛维奇成了苏联唯一的一位诺贝尔经济学奖获得者。尽管丹齐格被人们视为线性规划之父，而且他并不是浪得虚名，但没有获得诺贝尔奖的殊荣，显然，瑞典政府把他的工作看得过于数学了。

单纯形法的思想很简单：3 维空间中任何一个受限于 2 维平面上的有限多边形区域的平面的最大值一定在某一个顶角上实现。于是我们可以从任意一个顶角开始沿着边缘去寻找那个最大值（如图 6.3）。从理论上说，单纯形法不是最佳的方法，因为它必须沿着多面体的边缘绕道寻求最大值点。为什么不从区域内部寻找途径呢？这样的算法也已经出现。但是从平均的角度来说，一个精心编写的单纯形法程序并不比内部路径方法差。所以单纯形法仍然被广泛使用。用户在考虑自己的线性规划问题时，需要把自己的问题用数学公式形式化，然后直接调用现有的单纯形法的程序即可。著名的商业软件有：Ampl，Cplex，Gurobi，Coin-Or 和 Glpk 等。开源的也有不少。像 Matlab，Mathematica，Maple 和 Mathcad 等数学软件也都有程序包。我们不在这里深入讨论这个方法的细节。

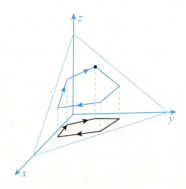

图 6.3   单纯形法的极值在某顶角实现 /作者

3. 水力发电中的线性规划问题

在电力工业里，最省钱且最环保的，除了风力和太阳能外，非水力发电莫属。让我们现在就看一看水力发电中的线性规划问题。在 题 下面的例子中，我们看到的是一条河流上建立了两个水库和水电站（如图 6.4）。河流经过水库 A，那里的电站 A 产生电力，然后河流再流向水库 B，并通过电站 B 发电。在每一个水库里，都会有一部分河水不经过发电机而直接流走。在每个时段里，根据公司合同，最多有 50 000 千度电能够以 $ 20.00/千度的价格卖出，超过之后就只有以 $ 14.00/千度售出了。

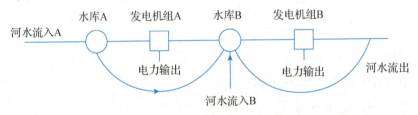

图 6.4　两个水利发电机组工作示意图/作者

我们希望得到最大的经济效益。由于电价不是一个常数，我们面临的是一个非线性的问题。但我们可以把它线性化，这只要把每个水电站在两个不同区间 (0, 50 000) 和 (50 000, $+\infty$) 里的发电量总和用两个变量表达，在区间 (0, 50 000) 上记作 P_H，在区间 (50 000, $+\infty$) 上记作 P_L。我们知道河流在不同季节的流量是不同的。为简单起见，我们考虑两个时段：雨季和非雨季。我们假定在时段 1（雨季）里两个电站的流量分别是 20 万立方米和 4 万立方米，在时段 2（非雨季）里分别是 13 万立方米和 1.5 万立方米。这个因素当然会影响发电量。所以，我们必须把 P_H 再细划分为两

个时段上的变量 P_{H1} 和 P_{H2}，把 P_L 再细划分为 P_{L1} 和 P_{L2}。

我们还需要再加一些限制。水库 A 和 B 的最大容量分别为 200 万立方米和 150 万立方米。它们在任何时候都必须保持一定的存水量，分别为 120 万立方米和 80 万立方米。在每个时段里，发电机组 A 和 B 的最大发电量分别为 60 000 千度和 35 000 千度。通过发电机组 A 和 B 的每 1 万立方米的流量所产生的电力分别为 4 000 千度和 2 000 千度。再假定第 1 时段开始时的水库 A 和水库 B 的库存水量分别是 190 万立方米和 85 万立方米。现在我们可以建立这个线性规划的模型了。

首先，目标函数是

$$\max f(P_{H1}, P_{H2}, P_{L1}, P_{L2})$$
$$= 20.00 \cdot (P_{H1} + P_{H2}) + 14.00 \cdot (P_{L1} + P_{L2}),$$

这里，P_{A1}，P_{B1}，P_{A2}，P_{B2} 就是我们需要优化的变量。因为 P_{A1} 和 P_{A2} 在区间 $(0, 50\,000)$ 里，所以，

$$P_{H1} \leqslant 50\,000,$$
$$P_{H2} \leqslant 50\,000。$$

记 X_{Ai} 和 X_{Bi} 为发电站 A 和 B 在时段 i 里的流量（万立方米），这里 $i = 1, 2$。则有

$$4\,000 \cdot X_{A1} + 2\,000 \cdot X_{B1}$$
$$= P_{H1} + P_{L1}（发电站 A 和 B 在时段 1 里发电量的和），$$
$$4\,000 \cdot X_{A2} + 2\,000 \cdot X_{B2}$$
$$= P_{H2} + P_{L2}（发电站 A 和 B 在时段 2 里发电量的和），$$

注意到水电站 A 在每个时段里的最大发电量为 60 000 千度，这相当于 60 000 ÷ 4 000 = 15（万立方米）的流量，所以

$$X_{A1} \leqslant 15,$$

$$X_{A2} \leqslant 15。$$

同理

$$X_{B1} \leqslant 17.5,$$

$$X_{B2} \leqslant 17.5。$$

记 S_{Ai} 和 S_{Bi} 为不通过发电机组的河水流量（万立方米），记 E_{Ai} 和 E_{Bi} 为在时段 i 结束时的库存水量，这里 $i=1$，2。于是根据水流的连续性得

$$X_{A1} + S_{A1} + E_{A1} = 190 + 20,$$

$$X_{B1} + S_{B1} + E_{B1} = 85 + 4 + X_{A1} + S_{A1},$$

$$X_{A2} + S_{A2} + E_{A2} = E_{A1} + 13,$$

$$X_{B2} + S_{B2} + E_{B2} = E_{B1} + 15 + X_{A2} + S_{A2}。$$

因为两个水库的水量在任何时候都必须满足上下限制条件，所以

$$120 \leqslant E_{A1} \leqslant 200,$$

$$120 \leqslant E_{A2} \leqslant 200,$$

$$80 \leqslant E_{B1} \leqslant 150,$$

$$80 \leqslant E_{B2} \leqslant 150。$$

目标函数连同以上的 16 个等式、不等式就是我们要建立的线性规划模型。

在水力发电中有一种很特殊的电站，那就是抽水蓄能电站。它的基本思想就是上、下两个水库（如图 6.5），当用电高峰期时，电价较高，于是从上面的水库放水发电；在用电非高峰期时，电价较低，于是从下面的水库里把水再抽到上面的水库中，等待下一次高峰期的到来。一个明显的好处就是，对于缺水的地区，人们可以反复使用有限的水资源。中国在 1994 年建成了第一座抽水

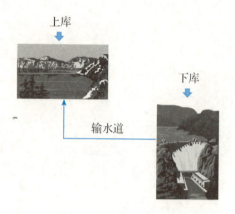

图 **6.5**   抽水蓄能电站示意图 /作者

蓄能电站"广州抽水蓄能电站"。据称是世界上最大的抽水蓄能电站。此外还有北京十三陵抽水蓄能电站和华北天荒坪抽水蓄能电站。北京十三陵抽水蓄能电站的下水库就是著名的北京十三陵水库。要想让抽水蓄能电站为人们产生经济效益，就必须精细地安排抽水和放水的时间。说得比较形象就是电网调峰和添谷。这也是一个线性规划的用武之地。在这里，我们需要把时段定得更细致一些。一般是从星期一到星期日每小时为一个时段，共有 168 个时段。

我们有一幅美国某地区在一周内的用电量需求图如图 6.6。可以看出，星期一到星期五用电较高，而且是在白天；周末和晚上用电量就下来了。蓄能电站就是利用晚上和周末来抽水的。下面是这类优化问题的示意图（如图 6.7）。

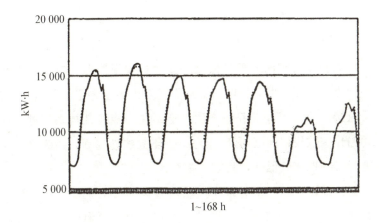

图 6.6 一周 168 h 用电量示意图 /作者

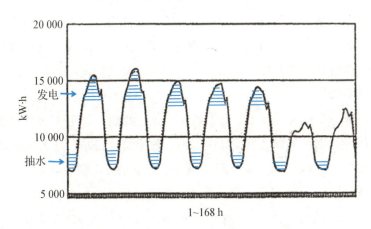

图 6.7 蓄能电站发电工作原理示意图 /作者

4. 核电站中的整数规划问题

在中国，核动力发电站在发电系统里扮演越来越重要的角色，其数量现已达到了两位数字，听说以后还可能达到三位数字。核动力发电站的一个重要特点就是它的最低发电量。也就是说，只要它一启动，就至少要发一定量的电力。当然它还受到最大发电量、启动和关闭时间等条件限制。其实这些限制因素对于大多数发电机也都存在，但对核电站更为重要，因为这些定量都特别大。一个直接的影响就是，我们不能再把问题当成线性规划问题，而必须当作整数规划问题(有时候也称为整数线性规划，因为除了某些变量必须取整数值外，其他条件不变)。

具体地说，对一个有最小启动发电量的发电机，目标函数中的某些自变量或限制条件中的某些变量必须取整数值。这很容易理解，因为我们不能说启动三分之一的核反应堆，只要一启动就是整个启动。问题是，我们由于为了满足高电量的需求而不得不启动核发电机，但当我们真正启动了核发电机后可能又会发现，提供的电量又大大超出了网上的需求。于是我们面临了一个没有最优解的局面。

对一个有最小启动发电量的发电机，我们可以用下面的方法把问题转化成整数规划。具体地说，假定它的最小、最大发电量分别为 a 和 b，即 $a \leqslant x \leqslant b$，其中 x 是它的发电量。引入一个新的整数变量 n，n 只可以取 0 和 1。然后引入连续变量 y 满足 $x = a \cdot n + y$。于是 $0 \leqslant y \leqslant (b-a) \cdot n$，而 x 被一个整数变量和一个连续变量所代替。另外，还多了一个限制不等式。

整数规划仍然是一个没有解决的数学问题。我们来看一个 题 简单的例子(如图 6.8)：

$$\max y,$$

满足

$$-2x + 2y \leqslant 1,$$

$3x+2y \leqslant 9,$

x，$y \geqslant 0$ 且都是整数。

如果允许 x，y 不是整数，那么这个问题的解为 $(1.5，2)$。但是当要求 x，y 必须为整数时，这个解不符合条件。问题是如何制定出一个有效的算法来，使人们可以让计算机轻松地找到 y 的最大值。喜欢解难题的读者不妨思考一下。

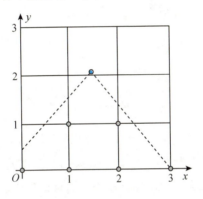

图 **6.8** 整数规划图 /作者

5. 各个电力公司协同作业中的线性规划

各大电力公司通过输电网相互联系，当自己不能提供足够的电力，或者看到其他公司的电价相对便宜时，可以进行交易。在交易中，卖方要追求最大经济效益。这是一个求最大值的问题。如果是统筹安排追求全局的经济效益，则是一个求最小值的问题。不论如何，我们都可以把这个网络问题变成线性规划来解决。

现在我们有一个由 9 个区域组成的电力网（如图 6.9）。题让我们试图来为它建立一个线性规划问题。这一次，我们做一点抽象的一般性讨论。假定在图中每一个节点上的电量需求是 d_i，而发电

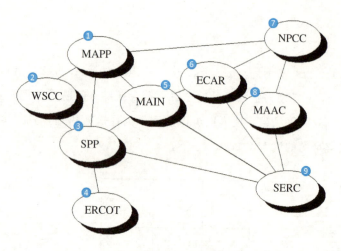

图 **6.9** 北美电网 /作者

机数目是 $n(i)$ 个，$i=1$，2，$\cdots$，9。发电的消费是 a_{i1}，a_{i2}，$\cdots$，$a_{in(i)}$，而发电的最大限量为 b_{i1}，b_{i2}，$\cdots$，$b_{in(i)}$。从节点 i 到节点 k 的最大输电量为 c_{ik}。为简单起见，我们假定输电网上都是交流电线（不一定的哦），并有 $c_{ki}=c_{ik}$ 对一切的 i，$k=1$，2，$\cdots$，9 且 $i \neq k$ 都成立。记 x_{ik} 为从节点 i 到节点 k 的电量，记 y_{ij} 为在节点 i 的发电机 j 的发电量。那么这个线性规划模型就是

$$\min \sum_{ij} a_{ij} y_{ij},$$

受限制于

$$\sum_j y_{ij} - \sum_k x_{ik} + \sum_k x_{ki} = d_i, i=1,2,\cdots,9,$$
$$0 \leqslant x_{ik} \leqslant c_{ik}, \qquad i, k=1, 2, \cdots, 9, i \neq k,$$
$$0 \leqslant y_{ij} \leqslant b_{ij}, \qquad i=1, 2, \cdots, 9, \quad j=1, 2, \cdots, n(i).$$

6. 计划未来若干年供电问题的线性规划

通常，在做发电的计划时，我们都要预测今后若干年的供电问题。当我们预测出今后 5 年里用电需要会增加 10％时，我们可能会考虑追加投资，建立新的电站。现在我们举一个例子看看这类问题需要考虑什么。我们仍然用抽象的表达式来讨论。题某地方政府需要制订一个 10 年发电计划。他们预测在今后的 10 年里每年的电力需求是 d_i 百万瓦，这里 $i=1$，2，$\cdots$，10。在第 i 年里，现有发电厂还将继续发电的电力为 e_i，$i=1$，2，$\cdots$，10(都不是核电)。他们发现必须增加新的发电机以应对越来越大的电力需求。摆在他们面前的是两个选择：煤电和核电。他们发现，如果是煤电的话，每年的资本成本是每百万度要 c_i 美元($i=1$，2，$\cdots$，10)，而选用核电的资本成本是每百万度要 n_i 美元($i=1$，2，$\cdots$，10)。由于种种政治原因和安全上的考虑，他们决定，在全部发电能力中最多只能有 20％是核电站。不管是煤电还是核电，使用寿命都大于 10 年。他们希望做一个最低价的选择。

假设 x_i 和 y_i 分别是煤电和核电在第 i 年初开始生效的发电能力。于是我们的目标函数是：

$$\min \sum_{i=1}^{10}(c_i x_i + n_i y_i)。$$

设 w_i 和 z_i 分别是煤电和核电在第 i 年的总的发电能力。则有

$$w_i = \sum_{k=1}^{i} x_k, \quad i=1, 2, \cdots, 10,$$

$$z_i = \sum_{k=1}^{i} y_k, \quad i=1, 2, \cdots, 10。$$

在第 i 年的发电量必须满足需求 d_i，也就是说，必须有

$$w_i + z_i + e_i \geqslant d_i, \quad i=1, 2, \cdots, 10。$$

又由于核电的占有率不能超过 20%，所以

$$\frac{z_i}{w_i + z_i + e_i} \leqslant 0.2。$$

我们可以把这个不等式改写为（因为 z_i，w_i 和 e_i 都是正变量）

$$0.8z_i - 0.2w_i - 0.2e_i \leqslant 0。$$

综合以上讨论，我们建立的线性规划问题就是

$$\min \sum_{i=1}^{10} (c_i x_i + n_i y_i)$$

受限制于

$$w_i - \sum_{k=1}^{i} x_k = 0, \quad i=1, 2, \cdots, 10,$$

$$z_i - \sum_{k=1}^{i} y_k = 0, \quad i=1, 2, \cdots, 10,$$

$$w_i + z_i \geqslant d_i - e_i, \quad i=1, 2, \cdots, 10,$$

$$0.8z_i - 0.2w_i - 0.2e_i \leqslant 0, \quad i=1, 2, \cdots, 10,$$

$$x_i, y_i, w_i, z_i \geqslant 0, \quad i=1, 2, \cdots, 10。$$

7. 特殊情况特殊处理

以上，我们通过一些简单的发电案例，介绍了如何用线性规划来帮助管理发电。必须指出，这些案例都是简化了的模型。真正的模型要考虑更多的因素，有技术上的，也有政策上的。

最后，我们不妨再给出一些这方面的案例。在上面的案例中，我们都默认了火力发电机的最低发电量是 0。其实，火力发电机也像核电一样有一个最低发电量。另外，发电机还有一个共振的问题，在安排时也必须避开。所以实际上发电机的发电量有两个区间。把这些因素加进去后，我们就面临了与核电一样的整数规划

的问题。在政策上，环保是一个大的考虑。比如为了三文鱼的回流，有些水电站必须在一定的时期内停机。还有城市因为地震的考虑，规定至少50％的电力必须由当地发电，还有像上面提到的污染物排放量限制和核电的限制，等等。笔者遇到的最为稀奇的限制是，有4家电力公司进入电力市场，他们每一家都必须赚钱，不能赔钱，也就是要皆大欢喜。原因是这4家公司同为一个大公司的子公司，而那家大公司不能让下属的任何一家公司亏本。

Q 大的电力公司都会有各种各样的发电机，都放在一起进行优化可能会使问题变得过于复杂，所以有时候人们也会一类一类地按一定顺序来安排计算。比如先把太阳能电站和风力电站的电力算出，再把抽水蓄能电站的电力算出，然后才去优化火力发电站。

Q 中国人可能觉得水力发电最经济合算，应该充分利用，所以建了很多大大小小的水力发电站。其实一般的水力发电站情况比较复杂，比如美国加州是一个常年缺水的地方，水力发电相对于生活、农业、渔业甚至娱乐用水都可能处于次要地位。

Q 在进行计算模拟的时候，我们还必须考虑发电机可能突然损坏。这就需要产生随机数。但我们不能产生使用真正的随机数，因为我们必须能够重复我们的模拟。

8. 参观一个水电站

下面是我参观位于北加州的沙斯塔水力发电站时拍的一组照片(如图6.10)。这个电站有5个发电机组，但只有两个在发电。由于加州严重缺水，不能充分放水发电，所以只能保持最基本的发电，而这主要是为了保证下游用水。到下午用电高峰时再开动其他的发电机。发出的电经过变压器升压后并入电网。

图 **6.10**　沙斯塔水力发电站／作者

[Q] 数学不是万能的。至少在现有的计算能力下，我们还不能做到完美的优化。电力公司里有经验的工作人员会根据自己的经验做一些安排。他们的安排有时候非常漂亮。当然这样的优化严格地说还不是真正的优化，但在实际运用中已经足够。

[Q] 在实际应用中，我们必须学会平衡数学模型的理想化程度和在实际计算中的可操作性（还记得我们前面说到的单纯形法和理论上更好的内部路径方法的比较吗？）。这是一位新手入行时需要向老一代技术人员学习的一个重要内容。

[Q] 发电的优化管理相对简单，因为它有一个单一的目标：或者是多多地发电，或者是少少地用钱。有时候，我们会遇到多个

目标的优化问题，甚至会有多学科综合优化问题。其中多个目标和多学科之间会互相牵制，必须一起考虑。这两类问题分别称为"多目标优化"和"多学科设计优化"。

Ｑ我们在这章里讨论的都是经典方法。在现在的大数据时代，人们自然会想到如何用大数据来重新进行电力分布问题。这类问题可能就要靠下一代来完成了。

参考文献

1. Vasek chvatal. linear programming，W. H. Freeman and Company，1983.

2. B. Kolman，R. Beck，Elementary Linear Programming with Applications，Academic Press，1995.

3. Lê Nguyên Hoang. Optimization by Linear Programming，Science4All. http：// www. science4all. org/le-nguyen-hoang/linear-programming/.

4. Seth DeLand. Solving Large-Scale Optimization Problems with MATLAB：A Hydroelectric Flow Example，MathWorks Newsletter.

5. P. A. March，P. J. Wolff，J. Zhu，R. Fremming and T. Key. Asset Management：Using ADCP-Based Flow Monitoring to Improve Operations at Niagara，Hydro Review，2012-10-01.

6. "Project Completion Report on the Guangzhou Pumped Storage Stage II Project"．Asian Development Bank. November 2001. Retrieved 31 August 2010.

7. Bannister and Kaye，A rapid method for optimization of linear systems with storage，Operations Research，V39，No2，March-April，1991，pp. 220-232.

8. B. Lorica，Redefining power distribution using big data，O'Reilly Radar，2015.

第七章 关于牛顿—拉弗森方法的一个注和牛顿分形

牛顿—拉弗森方法(Newton-Raphson method)，也称为牛顿迭代法，是一种在实数域和复数域上近似求解方程(或函数零点)的方法，不但在科学工程上有着很好的应用，而且基于这种方法还可以产生出漂亮的牛顿分形(Newton fractal)。

1. 导数不可计算时的牛顿—拉弗森方法

假定函数 $f(x)$ 可导。我们要求它的零点。选择一个接近函数 $f(x)$ 零点的 x_0，利用下式进行迭代：

$$x_{n+1} = x_n - \frac{f(x_n)}{f'(x_n)}.$$

在实际应用中，我们最可能面临的是，我们无法得到函数 $f(x)$ 的导数 $f'(x)$，从而使得这个方法失效。工程计算中有时我们会用软件来得到 $f(x)$ 的值，而软件本身并不计算导数。这时候最常见的办法就是用差分代替导数：

$$f'(x_n) = \frac{\Delta y}{\Delta x} = \frac{f(x_n) - 0}{x_n - x_{n+1}}.$$

下面用一段 Fortran 程序说明在实际应用中如何使用牛顿—拉弗森方法。假定有一个计算软件能近似计算所需 y 值。这个软件的输出文件是"output. txt"。先写一个 shell script，叫"myscript. sh"。然后在 Fortran 里做一个 system call 去调动"myscript. sh"。

程序如下：

```
System('bush myscript. sh')
open(5，file='output. txt')
read(5，'(1x，f16.9)') y


error _ old＝error
error＝y－y _ target


if (error ＞ 0.01) then
    slope＝(error－error _ old)/(x－x _ old)
    x _ old＝x
    x＝x－relax * error/slope
endif
```

上述程序有些简化，比如没有检查分母为零的情况。还有就是牛顿—拉弗森方法是在第 2 步以后才有效。第 1 步的初始猜测值和第 2 步的算法都很重要。通常第 2 步可以取 $x＝0.95 \cdot x\_old$（或 $x＝1.05 \cdot x\_old$）或者更精确的工程数学公式。很多经验丰富的工作者都用这类公式，是我们应该吸取的财富。上面还有一个新的参数"relax"（$0 ＜ relax ≤ 1$）。一般用 relax＝1.0 就可以了。但我们调用的软件不一定很理想，所以可能不能过于依赖软件。这个时候就可以取一个稍小一点的"relax"值。

有时函数变化过于迅速，可以先用速度比较慢的二分法迭代数次，再换成牛顿—拉弗森方法。下面是我遇到的一个问题。要找的零点在 1 490～15 00 范围内。我从 1 425 开始计算。如果直接用牛顿—拉弗森方法的话就会将迭代的点落在 1 500 之外，而从物理上我们知道这个点必须在 1 500 之内。所以我们可以先用二分法，到一定的精度后再换成牛顿—拉弗森方法。

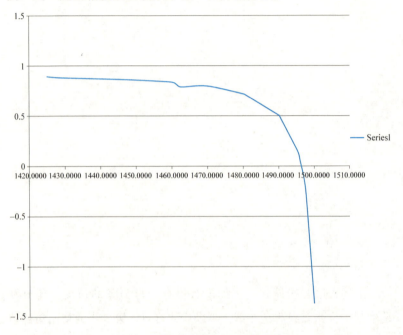

图 **7.1**　牛顿—拉弗森方法失效的一个实际例子 /作者

　　初始值的选取是一个关键，选不好整个迭代过程都不能收敛或者收敛到一个不是自己希望得到的零点(如图 7.1)。作为一个练习，读者可以 题 用函数 $f(x)=x^3-2x$，函数的导数 $f'(x)=3x^2-2$ 以及两个不同的初始值 $x_0=1.0$ 和 $x_0=0.7$ 来计算一下。可以看到，迭代的终点将分别是 $\pm\sqrt{2}$。在工程计算中选取初始值往往是经验之谈。这是年轻人必须向老科学家和工程师学习的地方。另一方面，即使初始值选好了，也要注意收敛方向是不是自己想要得到的。比如在计算火箭发动机的比冲时，人们都是从渐缩渐阔喷管的喷口开始计算，在这个部位的马赫数为 1。由此开始，一个方向的马赫数递减，而另一个方向的马赫数递增。我们感兴趣的显然是马赫数大于 1 的方向(如图 7.2)。

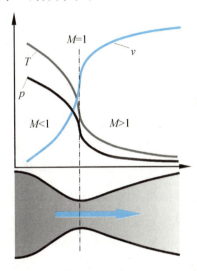

图 **7.2**　火箭发动机两个马赫数示意图/维基百科

　　非线性系统常常用迭代方法来解决，而牛顿—拉弗森方法往往简单有效。我屡试不爽。有时，我们还会遇到向量函数求零点的问题。数学上这是非线性系统计算问题，要涉及矩阵计算。在这里不进行深入讨论。

　　牛顿—拉弗森方法的主要问题在于，当自变量的维度增加时，能够迭代收敛的初值域非常快速地减小，或者出现无法预计的慢收敛。对于实践中动辄超过万维甚至亿维的问题，如何改革牛顿—拉弗森方法获得收敛，比收敛率方面的研究重要的多得多。在数据挖掘这样的领域里，变量数目极大。对于这类问题，改进方法是利用问题的特殊性，比如稀疏矩阵。如果不加条件的话，比较难深入。这个问题值得另文介绍。

Ⓠ 有时候，我们会遇到多个软件相互联系，共同进行工程计算。比如说在汽车、飞机等的设计上，我们需要考虑马达的动力、摩擦阻力、机械受力等多种因素。像上面的 Fortran 程序就显得力不从心。这时候我们就需要进行"多学科设计优化"。

以上是我在实际工作中所做的一点笔记，是从老一辈科学工作者(我的一位老同事)身上得到的经验。这位老同事非常聪明，计算能力很强。因很多问题没有一个正规的理论解答，他就是靠这样的一小段 Fortran 程序来得到答案的。往往我还在验证程序，他已经把应该得到的数据告诉我了，甚至告诉我某一个参数动一动就可以得到预想的结果。他肚子里有很多有趣的小故事。我为了听他的小故事，加入了他每天上午的咖啡休息时间，结果养成了每天上午喝咖啡的习惯。当然他也有不知道的事情，比如说他有一次问我谁是费马。这位前辈学者虽不喜欢写文章，但这些十分宝贵的科研经验，值得我们随时记录和总结学习心得。

2. 基于牛顿—拉弗森方法的牛顿分形

前面说到，牛顿—拉弗森方法的一个关键是初始点的选取。所以知道哪些初始点能使得迭代收敛到自己预期的结果是数学家关心的课题。下面谈一个有意思的出自牛顿—拉弗森方法的一类美丽图形：牛顿分形。所谓分形粗略地说就是一种数学的集合，它能自我重复体现相似的某种模式或图案，这种模式或图案不管是从远看还是近看都是一样的。我们在第 1 册第一章"雪花里的数学"里介绍了一个例子："科赫雪花"。牛顿—拉弗森方法与分形的相似之处就是重复的模式。

我们先要做一点准备工作。给定函数 $f(x)$，假定 r 是它的一个零点。令 $B(r)$ 为所有能使收敛到这个零点的初始值的集合。我们把它称为 r 的吸引域。对函数 $f(x)=x^3-2x$，我们知道它有 3 个零点：$-\sqrt{2}$，0，$\sqrt{2}$。相应地，可以得到：$B(\sqrt{2})$ 包含区间 $(\sqrt{2/3},+\infty)$，$B(-\sqrt{2})$ 包含区间 $(-\infty,-\sqrt{2/3})$，以及 $B(0)$ 包含区间 $(-\sqrt{2/5},\sqrt{2/5})$。但是在 $(-\sqrt{2/3},-\sqrt{2/5})$ 和 $(\sqrt{2/5},\sqrt{2/3})$ 这两个区间里的点属于哪个零点的吸引域呢？这个问题比较复杂。笼统地说，它们中有些小的区间属于 $B(\sqrt{2})$，另一些属于 $B(-\sqrt{2})$。我们可以把这些集合都在实数轴上画出并赋予不同的颜色来把它们视觉化。牛顿分形就是在这里出现的。所谓牛顿分形就是将牛顿—拉弗森方法应用于多项式函数后得到的以其各个零点划分出来的吸引域的图形。但是在一维中考察似乎有些平庸。我们现在转入在复平面上对复数函数零点的讨论。这时候，牛顿—拉弗森方法依然可以用于求函数的零点。

下面的讨论需要执行分形的计算机程序。我们可以写出自己的程序，也可以在网上寻找免费提供的源程序，甚至可以用在线的分形软件。我们选用的是由美国数学教授乔伊斯提供的一款在线免费工具 "Newton Basins"。读者可以在他的个人网页上找到这个工具。

首先，对函数 $f(z)=z^3-2z$，我们取 $\sqrt{2}$ 的近似值 1.414 21。经过迭代 20 次后，我们在 $[-10,10] \times [-10,10]$ 上得到下面的牛顿分形（如图 7.3）。

接着，让我们聚焦 3 倍到坐标系中心，得到的是一个在 $[-3.233\ 33, 3.233\ 33] \times [-3.233\ 33, 3.233\ 33]$ 上按比例缩小的相同图案（如图 7.4）。

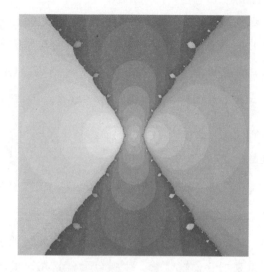

图 **7.3**   牛顿分形($f(z) = z^3 - 2z,[-10,10] \times [-10,10]$,
迭代 20 次)/乔伊斯

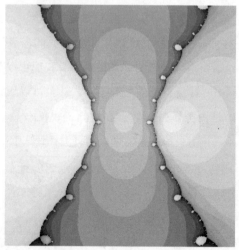

图 **7.4**   同一个牛顿分形(区间为$[-3.233\ 33, 3.233\ 33] \times$
$[-3.233\ 33, 3.233\ 33])$/乔伊斯

读者不妨<u>题</u>定义一些复函数，到这个网址上去制作美丽的分形图案。例如选取 $f(z)=z^4-1$，可以得到下面的图形（如图 7.5）。

图 **7.5** 牛顿分形($f(z)=z^4-1$) /乔伊斯

我们也可以得到不那么对称的图形。比如选取
$f(z)=(z-z_1)(z-z_2)(z-z_3)$，其中 $z_1=1$，
$z_2=-1.384\ 609-0.900\ 000i$，$z_3=1.384\ 609+0.900\ 000i$，
我们就得到下面的图形（如图 7.6）。

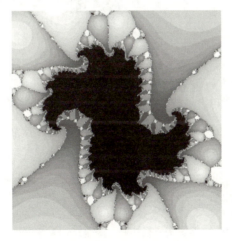

图 **7.6** 牛顿分形($f(z)=(z-z_1)(z-z_2)(z-z_3)$) /乔伊斯

欣赏了上面漂亮的牛顿分形之后，我们最后再回到一开始的问题上，假如我们有一个函数，它的导数不是轻易得到的，必须

用差分代替导数，那么，题 这时的牛顿分形将会是什么样子呢？

Q 前面说到，牛顿分形是对多项式函数多次实施牛顿—拉弗森方法所得到的复平面上的区域划分。但这种方法是不是只对多项式适用呢？当然不是。建议读者用下面的函数来看一看自己能得到什么图形（如图 7.7）：

$$f(z) = z \cdot \sin z^2 - 1。$$

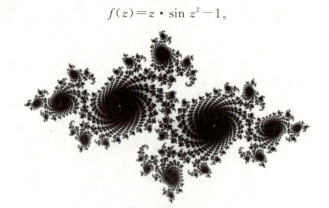

图 7.7　朱利亚分形 / 维基百科

Q 我们看到，牛顿分形的关键是一个迭代过程。我们可以把这个思想稍微推广一下。从一个复数 z_0 开始，然后按照一定的方式往复下去：$z_{n+1} = f(z_n)$。这个序列可能收敛，也有可能发散。我们把那些使得这个序列收敛的点 z_0 的集合称为朱利亚集合（Julia Set），那么牛顿分形是它的一个特例。选择不同的函数 $f(z)$ 可以得到许多漂亮的分形。作为例子，我们可以考虑下面的哈雷映射（Halley method）：给定一个复数函数 $f(z)$，记

$$x_{n+1} = x_n - \frac{2f(x_n)f'(x_n)}{2[f'(x_n)]^2 - f(x_n)f''(x_n)},$$

由此可以生成许多漂亮的分形来。对朱利亚集合，我们甚至可以

在宇宙中找到它的一对姊妹：大犬座中的两个相撞的螺旋星系 NGC 2207 和 IC 2163（如图 7.8）。

图 **7.8** 螺旋星系 NGC 2207 和 IC 2163 /NASA /CXC /SAO /STScI

读者也可以自己写出一个程序来。我们现在来谈一下如何用 Python 语言编写一个计算牛顿分形的程序。读者需要在自己的计算机系统里安装 Python，以及 NumPy 和 Matplotlib。NumPy 和 Matplotlib 分别是在 Python 环境里进行数值计算和生成图像的插件。下面是 StackExchange 网站上的一个例子。看下面 3 个程序：

```
import numpy as np
import matplotlib. pyplot as plt

f = np. poly1d([1, 0, 0, -1])   # x3 - 1
fp = np. polyder(f)

def newton(i, guess):
    if abs(f(guess)) > .00001:
        return newton(i + 1, guess - f(guess)/fp(guess))
    else:
```

```
        return i


pic=[]
N=1000
for y in np.linspace(-10, 10, N):
    pic.append( [newton(0, x+y*1j) for x in np.linspace(-10, 10, 1000)] )


plt.imshow(pic)
plt.show()
```

```
import numpy as np
import matplotlib.pyplot as plt
from itertools import count


def newton_fractal(xmin, xmax, ymin, ymax, xres, yres):
    arr=np.array([[x+y*1j for x in np.linspace(xmin, xmax, xres)] \
        for y in np.linspace(ymin, ymax, yres)], dtype="complex")
    f=np.poly1d([1, 0, 0, -1]) # x^3-1
    fp=np.polyder(f)
    counts=np.zeros(shape=arr.shape)
    for i in count():
        f_g=f(arr)
        converged=np.abs(f_g)<=0.00001
        counts[np.where(np.logical_and(converged, counts==0)))]=i
        if np.all(converged):
            return counts
        arr-=f_g / fp(arr)
```

```
N=1000
pic=newton _ fractal(-10, 10, -10, 10, N, N)

plt. imshow(pic)
plt. show()
```

```python
import numpy as np
import matplotlib. pyplot as plt
from itertools import count

def newton _ fractal(xmin, xmax, ymin, ymax, xres, yres):
    yarr, xarr=np. meshgrid(np. linspace(xmin, xmax, xres), \
                            np. linspace(ymin, ymax, yres) * 1j)
    arr=yarr+xarr
    ydim, xdim=arr. shape
    arr=arr. flatten()
    f=np. poly1d([1, 0, 0, -1]) # x^3-1
    fp=np. polyder(f)
    counts=np. zeros(shape=arr. shape)
    unconverged=np. ones(shape=arr. shape, dtype=bool)
    indices=np. arange(len(arr))
    for i in count():
        f _ g=f(arr[unconverged])
        new _ unconverged=np. abs(f _ g) > 0. 00001
        counts[indices[unconverged][~new _ unconverged]]=i
        if not np. any(new _ unconverged):
            return counts. reshape((ydim, xdim))
```

```
    unconverged[unconverged]=new_unconverged
    arr[unconverged]−=f_g[new_unconverged]/fp(arr[unconverged])


N=1000
pic=newton_fractal(−10，10，−10，10，N，N)


plt.imshow(pic)
plt.show()
```

　　这 3 个程序都是用 $f(x)=x^3-1$ 在 $[-10，10]\times[-10，10]$ 上做牛顿分形，都是用了 1 000×1 000 个点，都是调用了 NumPy 和 Matplotlib 这两个插件，也都大体上用相同的长度。第 3 个程序稍微长一点，但其实是可以压缩的，只是压缩后不那么容易让人看懂。下面是这 3 个程序执行后所产生的分形（如图 7.9）。

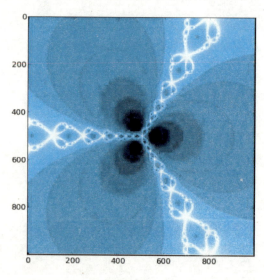

图 7.9　牛顿分形（$f(z)=z^3-1$）

但是这 3 个程序的运行时间却相差很多，分别为 12 min，11.1 s，1.7 s。 Q 做一个程序员并不难，但是做一个优秀的程序员却是非常不容易的。这个例子很值得读者认真体味。我们在第三章"霍尔和快速排序"里也谈到了算法的比较。

参考文献

1. D. Kahaner，C. B. Moler，S. Nash，G. E. Forsythe. Numerical methods and software，Prentice Hall，1989.

2. M. F. Barnsley. Fractals everywhere，Academic Press，1993.

3. Kendall E. Atkinson，An Introduction to Numerical Analysis，John Wiley & Sons，Inc，1989.

4. P. E. Gill，W. Murray，M. H. Wright. Practical Optimization，Academic Press，1981.

5. David E. Joyce，Newton Basins. http：// aleph0. clarku. edu/～djoyce/newton/newton. html.

第八章 爱因斯坦谈数学对他创立广义相对论的影响

　　17 世纪英国诗人德莱登写了一首长诗"奇迹年：1666"，后来人们借用这首诗的篇名来歌颂牛顿在那一年的贡献，把 1666 年称为牛顿的奇迹年。而另一位有此殊荣的科学家是诺贝尔物理学奖获得者爱因斯坦（如图 8.1），人们把 1905 年称为爱因斯坦奇迹年，这当然与他的相对论成就分不开。他 1905 年创立狭义相对论，10 年之后的 1915 年又创立了广义相对论，他的思想传播到世界各地，他本人曾两次到访中国。

图 **8.1** 爱因斯坦(1921 年)/维基百科

1. 曾经被遗忘的一页手稿

《数学文化》季刊第 1 卷第 3 期刊登了一篇科普文章：《关于广义相对论的数学理论》，介绍了广义相对论的数学背景以及关于数学家对黑洞形成机制研究的历史。数学无疑对爱因斯坦创立广义相对论起到了至关重要的作用。

但令人奇怪的是，在爱因斯坦关于广义相对论的英文论文里并没有提到数学家对他的影响。这是为什么呢？难道爱因斯坦出于什么原因忽略了数学家们的贡献？

《美国数学通讯》2009 年第 1 期有一篇迪克斯坦的文章"*A Hidden Praise of Mathematics*"揭示了其中的秘密。原来其中的奥妙似乎并不复杂，本来爱因斯坦在第 1 页（如图 8.2）就表达了

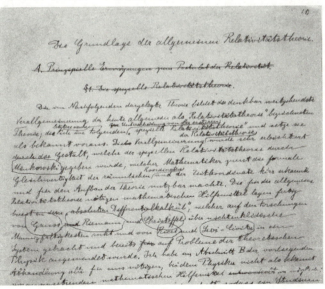

图 **8.2** 爱因斯坦广义相对论的论文手稿复印件第 1 页/迪克斯坦

数学家对他的工作的重要性，但是这一页在从德文翻译成英文时由于某种未知原因而漏掉了，而英文是实际上的世界语言，于是给人以一个错误的假象：爱因斯坦在发表广义相对论时没有提到数学家们的贡献。现在，我们特意把缺失的一页附在这一章里，希望中国的数学家、物理学家及公众也了解一点这段历史。下面就是漏掉的一页的英文稿：

The theory which is presented in the following pages conceivably constitutes the farthest-reaching generalization of a theory which, today, is generally called the "theory of relativity"; I will call the latter one-in order to distinguish it from the first named-the" special theory of relativity," which I assume to be known. The generalization of the theory of relativity has been facilitated considerably by Minkowski, a mathematician who was the first one to recognize the formal equivalence of space coordinates and the time coordinate, and utilized this in the construction of the theory. The mathematical tools that are necessary for general relativity were readily available in the "absolute differential calculus," which is based upon the research on non-Euclidean manifolds by Gauss, Riemann, and Christoffel, and which has been systematized by Ricci and Levi-Civita and has already been applied to problems of theoretical physics. In section B of the present paper I developed all the necessary mathematical tools-which cannot be assumed to be known to every physicist-and I tried to do it in as simple and transparent a manner as possible, so that a special study of the mathematical literature is not required for the understanding of the present paper. Finally, I want to acknowledge gratefully my friend, the mathematician Grossmann, whose help not only saved me the effort of studying the pertinent mathematical literature, but who also helped me in my search for the field equations of gravitation.

2. 手稿中揭示的爱因斯坦与数学家们的关系

在这一页手稿里，爱因斯坦清楚地指出，是数学家、他的老师闵可夫斯基（如图 8.3）最先有了 4 维时空的思想。

虽然闵可夫斯基是爱因斯坦的老师，但是爱因斯坦经常旷课。闵可夫斯基曾经感慨地说，"噢，爱因斯坦，总是不来上课——我真的想不到他能有这样的作为。"闵可夫斯基还曾说过："爱因斯坦上学时是一条懒狗，一点也不为数学操心。"闵可夫斯基的说法我们可以理解，其实爱因斯坦是有数学天赋的，他在十几岁时读欧几里得几何，也自学微积分等基本知识。事实上，闵可夫斯基正是因为认

图 **8.3**　闵可夫斯基 / 维基百科

识到爱因斯坦狭义相对论的价值，才将它推进到了 4 维时空。爱因斯坦一开始并不重视闵可夫斯基的 4 维时空概念。他说，"既然数学家们已经开始要攻克相对论理论了，我自己就不再理睬它了。"但是这个观点很快就得到了纠正。这多亏了他的朋友和同学马赛尔·格罗斯曼（如图 8.4）。爱因斯坦在马赛尔·格罗斯曼的帮助下，寻求表现自己思想的数学工具，正是马赛尔·格罗斯曼向爱因斯坦强调了非欧几何的重要性。所以，爱因斯坦最后还特别提到了他。爱因斯坦也指出了德国数学家高斯、伯恩哈德·黎曼、克里斯托费尔，以及意大利数学家里奇、列维-奇维塔的工作对理论物理的重要性。他说，正是很久以前的数学家们从形式上解决

的问题使得物理学家们得出了相对论的命题。这话一点不假。爱因斯坦描述广义相对论,用到的数学就是弯曲空间上的几何学,列维-奇维塔在这种几何学上做出了突出的贡献。所以,有人问爱因斯坦他最喜欢意大利的什么,他回答是意大利的细条实心面和列维-奇维塔,可见他对列维-奇维塔的推崇。

马赛尔·格罗斯曼   高斯   伯恩哈德·黎曼

克里斯托费尔   里奇   列维-奇维塔

图 **8.4**　6 位数学家 /维基百科

　　不过,在这一页手稿里,爱因斯坦确实没有提到希尔伯特。而正是希尔伯特在爱因斯坦之前的第 5 天也向普鲁士科学院递上了一份关于引力学的手稿。所以关于广义相对论,希尔伯特和爱因斯坦的优先发明权也有争议。不过这个争议并不复杂。首先,是爱因斯坦到哥廷根去给希尔伯特等很多数学家作的报告；其次，希尔伯特表现出了高姿态，他说，"发现相对论的，是作为物理学家的爱因斯坦，而不是数学家"；再者，后来发现的一些新材料似乎对希尔伯特不利。因为他是编辑，对文章发表有些控制。尽管如此，还是有一些人仍把广义相对论的作用量称为爱因斯坦－希尔伯特作用量。

　　在发表了这篇重要的论文之后，爱因斯坦又从德国女数学家爱米·诺特（如图8.5）在1918年发表的关于不变量理论的论文中受到了启发。一些广义相对论的新概念就是根据诺特定理得到的。爱因斯坦对于哥廷根歧视爱米·诺特很看不惯。1935年，爱米·诺特去世的时候（才53岁），爱因斯坦写了一个悼词。他写道："纵观现在的数学家，爱米·诺特是最显著的具有创造性的数学天才。"下面这幅图是她故居的标牌（如图8.6）。

图 8.5　爱米·诺特/维基百科

![EMMY NOETHER MATHEMATIKERIN 1932－1934]

图 **8.6**   爱米·诺特的故居标牌（她在这里住了 3 年）/Monuments on
Mathematicians，卡斯帕

　　还有两位数学家也许应该提到：波约·亚诺什和罗巴切夫斯
基（如图 8.7），因为他们分别独立地创立了非欧几何的框架。波

图 **8.7**   非欧几何创始人匈牙利数学家波约·亚诺什和俄国
数学家罗巴切夫斯基/维基百科

约·亚诺什的论文过于简短，高斯在知道他的工作后，说其实自己早就发现了非欧几何，所以也没有声张；罗巴切夫斯基又在当时科学研究中心以外的俄国，结果他们的结果没有被广泛认识。到1868年，意大利数学家贝尔特拉米发表了论文《非欧几何的解释》中指出罗巴切夫斯基和波约·亚诺什创立的双曲几何可以在伪球面上实现，非欧几何才逐渐被关注起来。

对于爱因斯坦和数学家的关系以及引力场和数学的关系，《关于广义相对论的数学理论》这篇文章已经写得很详细了，这里不再重复。事实上，这篇文章对近年来数学家在爱因斯坦的重力场方程方面的进展也作了详细的介绍，实为不可多得的精彩文章。

但是这第1页到底是怎么漏掉的呢？这至今仍然是一个谜。有一种猜测是，这篇重要文章后来被收进了一个德文的爱因斯坦论文集里，而英文版最早是从这个论文集里翻译的。偏偏在这个论文集里，这篇文章的第1页遗失了。这有可能是因为打字员拿到的原文副本装订不紧，把第1页丢掉了。

似乎爱因斯坦从未意识到他对数学家的感谢之词失踪，所以他从未作过解释。这些都是猜测。这些猜测的原因在迪克斯坦的文章里有讲到过。好在这一页终于被发现了，尽管花了这么多年的时间。

总之，爱因斯坦在建立广义相对论的过程中，直接和间接地使用了当时的最新数学成果。这一点得到了爱因斯坦的承认，也为后世所公认。新发现的这一页为爱因斯坦还了一个公正。

3. 爱因斯坦得到民间科学家的帮助研究引力透镜

在广义相对论中，引力被描述为时空的一种几何属性（曲率）；而这种时空曲率与处于时空中的物质与辐射的能量—动量张量直接相联系，其联系方式就是爱因斯坦的引力场方程（一个二阶非线性偏微分方程组）。作为广义相对论的一个应用，它可以说明光线在引力场中的偏折会形成引力透镜（gravitational lens）现象，这使得人们能够观察到处于遥远位置的同一个天体的多个成像。

最早讨论引力透镜的是俄国物理学家科沃瘆苏，他在 1924 年就发表论文讨论了引力透镜的概念。但是直到 1936 年爱因斯坦提出这一概念时，它才引起人们的真正注意。有意思的是，影响爱因斯坦去认真探究这个概念的是餐馆里的一位洗碗工曼德尔。

本来曼德尔是捷克犹太人，1911 年到奥地利求学。第一次世界大战期间参加了奥地利的军队，被捕并被送到了西伯利亚。他找机会逃回了维也纳。在 1919 年拿到电子工程专业的学位。在法西斯盛行的欧洲大陆实在待不下去了，只得逃到了美国，最后落脚到了华盛顿特区的一家餐馆，通过当洗碗工来维持生活。尽管如此，他仍然保持着对科学的兴趣。在 1936 年春的一天，他特意穿上一套宽松的蓝色西服，在一位翻译朋友的陪同下来到《科学新闻快讯》（现在的《科学新闻》杂志社）。他向编辑讲述了自己的一个想法：根据爱因斯坦的广义相对论，他相信光的弯曲现象可以在一个星挡住另一个星时发生。"你看"，他说："从遥远的星球发出的光线通过一个相对近的星球时，其结果是光线的增强，因此任何人用一个小型望远镜就可以观测到。"他希望杂志社能发表他的想法。编辑虽然对他的想法很感兴趣，但是对这样一个民间科学家到访，还是应该小心为是。于是杂志社出资让他到普林斯顿去找爱因斯坦谈这个想法。于是这次会见就在 1936 年 4 月 17 日发生了。

爱因斯坦与曼德尔友好交谈。两个人的英语都不是太好，但发现他们用德语交谈却非常顺畅。曼德尔向爱因斯坦谈了自己的想法。爱因斯坦建议他不要去发表他的这个想法，但对他的这个想法非常感兴趣。事实上，爱因斯坦本人在 1912 年就想到过引力透镜，甚至做过一些草算。不过他当时觉得这种现象即使存在也会因为过于微小而无法观测到，因此他没有公开发表自己的想法。所以在爱因斯坦一见到曼德尔时就给予他肯定，但仍然坚持没有可观察的对象。曼德尔也很坚持，后来多次给爱因斯坦写信，建议可以写出一篇小小的论文来。他告诉爱因斯坦，没有人愿意发表他的想法，只有爱因斯坦可以做到这一点。爱因斯坦答应写点什么，但迟迟没有动笔。爱因斯坦告诉《科学新闻快讯》，"曼德尔的想法有意思，我很快会写出来。"几个月过去了，爱因斯坦没有动静，似乎已经不再打算写什么了。但曼德尔咬住不放。终于在 12 月 4 日，爱因斯坦发表了《恒星通过引力场偏折光线的类透镜行为》一文。文章开头说："一段时间以前，曼德尔访问了我并要求我发表一个小的计算结果，这个要求成就了本文。这个小注记实现了他的愿望。"爱因斯坦在文章中仍然不相信有机会观测到这样一种现象。但是他的这篇小小的注记引发了其他科学家的兴趣和工作。1980 年人类第一次观察到引力透镜效应。到目前已经有了好几百个引力透镜被发现。有以爱因斯坦命名的"爱因斯坦环"和"爱因斯坦十字"。请记住，这里也有一个民间科学家的贡献。

4. 爱因斯坦预测引力波

2016 年 2 月，美国科学家成功探测到引力波，证实了爱因斯坦在一百年前的这一猜想。但在这个事情上，爱因斯坦其实差点摔个大跟头。原来，在 1916 年 6 月他发表第一篇预言引力波的论文后，他有长达 20 年的时间都是在疑惑之中：这神秘的引力波到底存在不存在？说它不存在吧，可那是他的广义相对论中的一个结论；说它存在吧，又实在是推导不出来。终于，在 1936 年 6 月 1 日，爱因斯坦和助手罗森投稿给《物理评论》，宣布引力波其实是不存在的。编辑部迟至 7 月 6 日才送审。7 月 23 日，编辑部致信爱因斯坦，给了他审稿人的意见，认为他的推论不严谨，希望他修改或答复。爱因斯坦勃然大怒，他认为其评审意见不值一评，拒绝修改论文，并声称将改投他处。这封信在 27 日到达了编辑部。但是当他最后(11 月 13 日)改投到《富兰克林研究院期刊》时，他的结论已经变成了引力波存在了。而在此之前的 10 月，他还在无可奈何地说："如果你们问我引力波是否存在，我必须回答：我不知道。但这是一个极为有趣的问题。"原来他的论文遇到了同一位审稿人，而这次审稿人与爱因斯坦的新助手英费尔德沟通，告诉他论文中的错误和修改办法。爱因斯坦据此最后做了大量的修改。爱因斯坦可能没有意识到的是，他的这些错误在《物理评论》主编泰特寄给他的意见里都已经有了，而且审稿人就是他第一次认为不值一顾而第二次又特别感谢的"我的同事罗伯逊教授"。这个罗伯逊就是美国数学家、物理学家、加州理工学院和普林斯顿大学教授罗伯逊。

后来英费尔德在与爱因斯坦合作写书时说：我需要非常小心

谨慎，因为我的名字将印在上面。爱因斯坦则哈哈大笑道：你无须如此小心，在我的名下也有错误的文章。我们不知道，到底爱因斯坦发表过多少错误的论文，有人列举了他的 4 次错误，其中就包括引力波。但这一次最终他因虚心接受了罗伯逊的意见，才没有造成大错。

另一方面，能够创建广义相对论的爱因斯坦到底为什么在引力波的研究上如此费力，这里，一种可能为当时可为他提供帮助的数学结果还不够充足。最初导致爱因斯坦和罗森得出错误结论的原因是什么呢？这是因为，他们试图找到引力波的精确解，但又无法避免在描述引力波的度量时引入奇点。于是他们干脆改为试图证明爱因斯坦方程没有正则的波动周期解。直到第二次世界大战结束后，人们才慢慢开始知道，想在不触及奇点的条件下用单一坐标系来描述引力波是不可能的，而且这样的奇点仅仅是表面上的，并不实际存在。爱因斯坦和罗森当时过于小心谨慎，想要用单一的坐标系来描述整个时空概念。而罗伯逊给他们提出的解决办法就是引入圆柱坐标。有人说，40 岁后，爱因斯坦的数学带不动他的直觉了，这也许有部分道理。但也许是数学没有为他做好准备。

5. 爱因斯坦做数学题

爱因斯坦用到过很多数学。他甚至对数学符号也有一个小小的贡献（如图 8.8）：爱因斯坦标记法（Einstein notation），是用来表达带坐标的方程式的。这个标记法规定，当一个单项内有标号变量出现两次，一次是上标，一次是下标时，则必须总和所有单项的可能值。例如在 xOy 平面上把 x 坐标和 y 坐标分别记为 x_1 和

图 **8.8** 1921 年，爱因斯坦在计算中使用他自己发明的记
号/Hulton Archive via Getty Images

x_2，那么 $y=c_i x^i$ 就等价于

$$y=c_1 x^1 + c_2 x^2。$$

这是爱因斯坦在 1916 年提出来的。后来，爱因斯坦与友人半
开玩笑地说："这是数学史上的一大发现，若不信的话，可以试着
返回那不使用这方法的古板日子。"

位于华盛顿特区的国家科学院前有一个爱因斯坦雕塑（如图
8.9）。爱因斯坦晚年在普林斯顿大学度过，是普林斯顿高等研究
院的驻院学者。虽然没有当过数学老师，但是他却做过 4 年的数
学私教。那是 1941 年的一天，12 岁的小女孩李丹姆在放学回家的
路上遇到了正在晒太阳的爱因斯坦。小贝蒂告诉爱因斯坦说她恨
数学。爱因斯坦微笑地回答说："你不应该恨数学。数学是宇宙的
中心，任何会数学的人都知道任何事情。"从此他做了小贝蒂的 4
年的数学私教，他们几乎每天下午会见面。他帮助贝蒂增强了学
习数学的信心和方法。看来爱因斯坦如果当老师的话应该很有耐

图 8.9　位于华盛顿特区的国家科学院前的爱因斯坦雕塑/维基百科

心，但是他做学生的话可能就不是这样了。小贝蒂的父亲曾经教爱因斯坦学游泳，但是他们只进行了 3 次，没能再进行下去。

说到爱因斯坦做数学题，还有一个故事：爱因斯坦的好友心理学家韦特墨曾经给他（及另一位朋友巴基）出了下面两道数学题：

（1）一辆老爷车必须走一段 2 英里①的路程。因为它太老了，所以在上坡的第 1 英里中它的平均时速为 15 英里/h。请问它在下坡的第 2 英里中的平均时速（当然可以快一些）需要达到多少才能使整个路程中的平均时速为 30 英里/h。

（2）一条变形虫通过简单分裂而繁殖，每次经过 3 min 完成（如

——————————

① 英制单位。1 英里≈1.609 3 km。

图 8.10）。当这样的变形虫放入一个装了营养液的玻璃容器中，容器在 1 h 后充满了变形虫。如果一开始放入两条变形虫，请问需要多少时间充满变形虫？

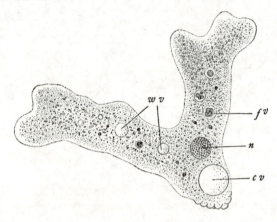

图 8.10   变形虫 /维基百科

爱因斯坦回信是这样说的：

Your letter gave us a lot of amusement. The first intelligence test fooled both of us（Bucky and me）. Only on working it out did I notice that no time is available for the downhill run! Mr. Bucky was also taken in by the second example，but I was not. Such drolleries show us how stupid we are!

聪明的人也有失误的时候，但真正聪明的人不会隐瞒自己的失误。巨人也是需要别人帮助的，而真正的巨人不会忽略他人的贡献。如果读者能通过这两个故事体会到这个哲理，那就再次感谢一次爱因斯坦吧。

参考文献

1. ukim. 关于广义相对论的数学理论，数学文化，2010，1(3)：52-54.

2. Alicia Dickenstein. A Hidden Praise of Mathematics，Bulletin (New Series) of the American Mathematical Society，2009，46(1)：125-129.

3. James Stewart，Lothar Redlin，Saleem Watson. Precalculus，Mathematics for Calculus，4th edtition，Brooks/Cole，2002.

4. Tom Siegfried. The amateur who helped Einstein see the light，Science News，October 1，2015.

5. Daniel Kennefick. Einstein versus the Physical Review，Physics Today，September 2005，page 43.

第九章　斯蒂芬问题和自由边界问题

　　本章从科普的角度介绍一类特殊的非线性偏微分方程及其应用。我们先从最简单的冰与水的相变引入这个概念即自由边界问题，然后介绍在这类问题上最重要的人物斯蒂芬，最后介绍几个自由边界问题的例子。我们尽量不涉及太深的偏微分方程的知识，希望能引起非数学专业读者的兴趣。

1. 什么是自由边界问题

　　假设我们有一杯水，那么水的温度将受周围环境温度的影响。在常温环境的条件下，杯中的水温也将稳定在同一个温度上。如果我们在杯子的旁边放一个热源的话，水的温度将开始从距离热源最近的地方开始升温（如图 9.1）。水的温度变化满足热传导方

图 **9.1**　冰与水的自由边界模型

程。让我们记水的温度函数为 $u(x,\ y,\ z,\ t)$，其中 $(x,\ y,\ z)$ 是点坐标，t 是时间。这时候，水杯中水温的热传导方程就是

$$\frac{\partial u}{\partial t} = \alpha \cdot \nabla u(x,y,z,t), \quad (x,y,z) \in \Omega,$$

其中 $\frac{\partial u}{\partial t}$ 是温度 u 对时间 t 的偏导数，α 是热扩散率，∇ 是拉普拉斯算子，$(x,\ y,\ z)$ 是水杯中的点，水杯中水所占据的空间就是区域 Ω。这些点的集合就是此热传导方程能够得到满足的区域。为了保证方程解的唯一性，我们还需要给出这个区域的边界条件和水温的初始条件。比如说，我们可以假定已知水杯边缘的温度和水在一开始时的温度。

　　现在我们把问题稍微变化一点。假定我们在水杯里增加一块冰，由于冰和水有不同的热扩散率 α_S 和 α_L，它们分别在两个区域 Ω_S 和 Ω_L 中得到满足。于是我们就得到了两个热传导方程

$$\frac{\partial u}{\partial t} = \alpha_S \cdot \nabla u(x,y,z,t), \quad (x,y,z) \in \Omega_S,$$

$$\frac{\partial u}{\partial t} = \alpha_L \cdot \nabla u(x,y,z,t), \quad (x,y,z) \in \Omega_L.$$

其中下标 S 代表固体（solid）冰所占区域，L 代表液体（liquid）水所占区域。在这里，我们仍然假定水杯边缘的温度是已知的。但是我们无法知道冰块的边界在哪里，而且这个边界甚至是动态的。也就是说，我们无法预先知道上述两个方程成立的区域。在求解的过程中，我们不仅要求得温度分布，还要求得冰与水交接的界面。因此，我们无法像解一般的热传导方程那样来解决这个问题。这样的一类问题就是"自由边界问题"（free boundary problem）的最典型例子。

　　这类问题通常是相变（phase transition）的过程。相变是指物质

在外部参数（如温度、压力、磁场等）连续变化之下，从一种相
（态）忽然变成另一种相，最普通的是在一定的条件下，冰变成水
和水变成蒸气等，也有可能是相反的过程。我们把这样的过程称
为相变。

　　数学上自由边界问题是一类偏微分方程的定解问题，其定解
区域的部分边界是待定的，它和定解问题的解彼此相关且必须同
时确定。在自由边界上，除了需要给定通常的定解条件以外，还
必须增加一个边界条件。显然，所有自由边界问题都是非线性问
题。由于自由边界通常是时间的函数，我们也把自由边界问题称
为"移动边界问题"。我们将会看到更多的自由边界问题的例子，
其中包括不是相变的自由边界问题。

2. 斯蒂芬问题的历史由来

　　上述冰与水的温度问题被称为"斯蒂芬问题"（Stefan prob-
lem）。固体和液体的相变现象最早是苏格兰医生和化学家布拉克
（如图 9.2）揭秘的。他 1758 年至 1762 年在苏格兰的格拉斯哥大学
（University of Glasgow）工作期间，进行了一系列的实验。他的结
果显示，固体－液体的相变过程不能只从热的卡路里量上来理解。

图 9.2　布拉克，拉梅，克拉佩龙和弗朗茨·诺伊曼/维基百科

他因此在 1762 年引入了潜热(latent heat)的概念。这是相变问题的一个关键。法国数学家和物理学家傅里叶在 1822 年出版了他的著名著作《热的解析理论》(*Théorie analytique de la chaleur*)(如图 9.3)，为热传导提供了物理和数学基础。

图 **9.3**　傅里叶和他的名著《热的解析理论》/Mathouriste

1831 年，法国数学家拉梅和物理学家克拉佩龙(如图 9.3)把潜热现象引入热传导方程。他们继续了傅里叶的一项研估，从地球的熔岩状态开始逐渐冷却至今大约用了多长时间的研究。他们假定地球一开始是处于液态的；由于表面温度突然下降，凝固过程开始。他们的结论是，地壳的厚度与时间的平方根成正比。这与后来斯蒂芬的结论相同。不过，他们没有建立一个数学方程以确定这个比例常数。

德国矿物学家、物理学家和数学家弗朗茨·诺伊曼(如图 9.2)在 19 世纪 60 年代早期曾经部分解决了拉梅和克拉佩龙的问题，但是他假定的初始温度高于熔点，而且他只是在一个讨论班上讲了他的结果，以后没有拿出来发表，直到 1901 年才被别人提到。现在，人们仍然把"斯蒂芬问题"的经典解称为诺伊曼解。

最后解决这个问题的是斯洛文尼亚物理学家斯蒂芬（如图 9.4）。他把问题转化为两个相（态）的互变问题，终于在 1889 年左右解决了这个问题。这个问题也就从此被赋予了"斯蒂芬问题"的名称。

图 9.4　斯蒂芬 /维基百科

在继续我们的主题之前，我们先介绍一下斯蒂芬的生平。

斯蒂芬于 1835 年 3 月 24 日出生在斯洛文尼亚的埃本塞尔附近的小城圣彼得（St Peter）（如图 9.5），即现在的奥地利克拉根福市（Klagenfurt，Austria）。父母都是斯洛文尼亚人。当他出生时，父母并没有结婚。直到他 11 岁时，父母才正式结婚。这是一个不富裕但和谐温暖的家庭。他的父亲是一个铣工，母亲是一位侍女。在上小学的时候，他就显露出才华，老师们建议他继续学业，所以在 1845 年进入了克拉根福初中（Klagenfurt gymnasium）。在 13

岁的时候，他经历了"1848 年革命"。这激发了他内心深处对斯洛文尼亚文学的共鸣。

图 **9.5**　斯蒂芬出生地/维基百科

图 **9.6**　维也纳大学主楼

在以高分从高中毕业后，他一度考虑过投身本笃隐修会（Benedictine order），但是他对物理的兴趣还是占了上风。于是他在 1853 年去维也纳大学（如图 9.6）学习数学和物理。在上学期间他

还以实名和笔名用斯洛文尼亚文发表了不少诗。很多现代数学家
不知道他在斯洛文尼亚文上的韵律学和歌词上的造诣。1857 年,
大四的他通过了教师资格考试,并开始给药理系的学生讲授物理
学。他还自觉地开始做研究工作,然后把自己的论文寄给了科学
院。他的论文引起了学者的注意,于是他被允许参加了生理研究
所科学家们的实验。在那里他开始接触了水流的问题。1858 年,
他通过了维也纳大学学位考试,并被授予了博士学位,还获得了
正式的讲师资格。但他一开始并没有能得到一个正式的教职。前
面帮助过他的两位生理研究所学者又推选他成为皇家科学院的通
讯会员(corresponding member),但这也没能有多少帮助。两位学
者再次出手帮助。他们找到了教育部的一位官员,邀请他听一次
斯蒂芬的课。这位官员对斯蒂芬的课大为赞赏。1863 年有了一个
数学物理学正教授的职位,他就顺利地得到了维也纳大学物理学
教授的头衔。那年他 28 岁,是奥匈帝国最年轻的正教授。后来一
位年长的教授去世,另一位因病提前退休,这使得他有机会在
1866 年起坐上了物理所主任的职位,那时他仅 30 岁。后来他还担
任过维也纳科学院的副主席和欧洲多个学院的院士。

　　斯蒂芬一共发表了 80 篇学术论文,绝大多数都是在《维也纳
科学院通讯》上。他最出名的成就是在 1879 年首先提出了斯蒂芬
幂定律(Stevens' power law)。这个定律被他的学生玻尔兹曼推广,
就是现在的斯蒂芬-玻尔兹曼定律(Stefan-Boltzmann law)。在此
基础上,斯蒂芬推算出太阳表面的温度为 5 430℃。这是历史上对
太阳表面温度的第一个较精确的测量结果。除此之外,斯蒂芬还
第一个提出了气体的热传导测量,研究了蒸气与流体的扩散和热
传导。他在光学上的论文被评为"在过去三年中奥地利公民最佳科

图 **9.7** 斯蒂芬的头像雕塑/维基百科

学论文"并因此获得了 1865 年奥地利科学院授予的"黎本奖"
(Lieben Prize)。在研究电磁方程时,他定义了向量的符号。他还
涉足热动力学理论。他计算过线圈的感应率,纠正过麦克斯韦的
一个错误,研究过集肤效应(Skin effect),等等。

　　斯蒂芬是一名优秀的教师,每次讲课前都会认真备课。他不
喜欢参加社交活动,不喜欢旅游,甚至不参加当时在欧洲已经流
行的学术会议。他就生活在实验室里。但另一方面,他性格开朗,
喜欢唱歌,参加合唱团,还成了组织者。1891 年,在他去世的两
年前,斯蒂芬与一位寡妇结婚。1892 年,在一次访问朋友的途中

他意外中风。1893 年，斯蒂芬在维也纳去世，终年 58 岁。

图 **9.8**   奥地利和斯洛文尼亚发行的斯蒂芬纪念邮票

3. 斯蒂芬的工作

在介绍他的工作之前，我们先来说说在这类问题中扮演了极为重要角色的潜热。我们以冰为例。物理实验表明，当冰的温度上升到零摄氏度时，温度不会立即上升，而是有一个积蓄能量的过程，直到增加了 h 单位的能量（潜热）后温度才会继续增长，同时冰转化成水。

斯蒂芬在固体－液体相变方面的研究主要体现在从 1889 年到 1891 年这段时期的几篇论文里：

(1)J. Stefan, Über die theorie der eisbildung, insbesondere über die eisbildung im polarmeere. Sitzungsberichte der Mathematisch-Naturwissenschaftlichen Klasse der Kaiserlichen Akademie der Wissenschaften in Wien. Mathem.-naturw., 98(2A): 965-983, 1889.

(2) J. Stefan，Über die verdampfung und die auflösung als vorgänge der diffusion. Sitzungsberichte der Mathematisch-Naturwissenschaftlichen Klasse der Kaiserlichen Akademie der Wissenschaften in Wien. Mathem. -naturw.，98(2A)：1418-1442，1889.

(3) J. Stefan，Über einige Probleme der Theorie der Warme-leitung，S. -B Wien Akad. Mat. Natur，98，473-484，1889.

(4) J. Stefan，Über die theorie der eisbildung. Monatshefte für Mathematik und Physik，1(1)：1-6，1890.

(5) J. Stefan，Über die verdampfung und die auflösung als vorgänge der diffusion. Annalen der Physik und Chemie，277 (12)：725-747，1890.

(6) J. Stefan，Über die theorie der eisbildung，insbesondere über die eisbildung im polarmeere. Annalen der Physik und Chemie，278(2)：269-286，1891.

事实上，斯蒂芬考察的是我们现在所称的"斯蒂芬问题"的几个特殊的情况。我们在这里只能简单地介绍一下他的工作。更详细的讨论可以在斯洛文尼亚学者 Bolidar Sarler 写的评论中找到。

斯蒂芬首先考虑的是一维半空间（x_0，$+\infty$）上的均匀物质（如图 9.9），它可以是液态，也可以是固态。在初始时（t_0 时刻），

图 **9.9** 一维单相斯蒂芬问题

此物质处于固态，温度为熔点温度 T_{0S}。当时间 $t > t_0$ 时，在 x_0 处加热并保持一个大于熔点的温度 T_Γ。于是此固体在靠近 x_0 点的邻域里融化成液态。新的液态和固态的边界为 $x_M(t)$。他要考虑的是液态区间$(x_0,\ x_M(t))$的长度。这个问题是拉梅和克拉佩龙所考虑的问题中的融化部分。斯蒂芬用了与拉梅和克拉佩龙相同的假设条件，但他得到了更为完全的解。他得到的是

$$x_M(t) = x_0 + 2C\,(t-t_0)^{1/2},$$

其中常数 C 是超越方程

$$\rho\,hC = -\,k_L\,\frac{T_{0S}-T_\Gamma}{\operatorname{erf}(C\alpha_L^{-1/2})}\pi^{-1/2}\exp(-\,C^2\alpha_L^{-1})\alpha_L^{-1/2}$$

的解。ρ 是密度，h 是此物质的潜能，α_L 是液体的导热系数。这个问题现在被称为"单相问题"，因为热传导只在一个相里发生。在这个超越方程里，我们看到了潜能的作用。

斯蒂芬考虑的第 2 个情形是一维全空间（$-\infty$，$+\infty$）上某个物质：初始时(t_0时刻)，此物质在（$-\infty$，x_0）上是液态且有一个熔点之上的均匀温度，在（x_0，$+\infty$)上是固态且有一个熔点之下的均匀温度。所以热传导同时在两个相里发生。于是他要解决的问题是，当时间 $t > t_0$ 时，新的液态和固态的边界 $x_M(t)$ 的位置。他发现 $x_M(t)$ 的行为与第一类问题相同，只是其中的常数 C 满足一个不同的超越方程。

通过他的一个同事，斯蒂芬听说英国和德国探险家已经把极地冰层(如图 9.10)厚度作为冰的温度的函数做了测量。这个消息让他眼睛一亮，因为这些数据可以帮助他做理论上的分析。他第 3 个考虑的问题是估算极地冰的导热性。他用这些数据拟合了他的经验公式，并近似地得到了极地冰的平均热传导为 1.756 瓦/(米·开尔文)。现在这个数是 2.240 瓦/(米·开尔文)。

图 **9.10** 阿拉斯加沿岸的海冰/维基百科

斯蒂芬考虑的第 4 个情形与第 1 个情形类似：他考虑的也是一维半空间 $(x_0, +\infty)$ 上的均匀物质，可以是液态，也可以是固态。不同的是，在初始时（t_0时刻），此物质处于液态，温度为冰点温度 T_M。当时间 $t > t_0$ 时，在 x_0 处加冷，且温度小于冰点温度。显然这是一个固化过程。斯蒂芬的问题是决定固态部分的厚度 $x_M(t) - x_0$ 和温度在固态区域中的分布。他发现，如果在液态和固态的边界处温度低于 30 K（开尔文）的话，那么冰的厚度会增加 3%。

在第 4 个情形里，加冷过程是一个与时间无关的常数 30 K。他随后考虑了第 5 个情形：一个时间的指数衰减函数的加冷问题，得到了边界的线性移动解。

第 6 个情形是比常数加冷和指数衰减加冷更为一般的情况。

他用多项式来近似问题的解。情形 3 中的经验公式就是在这里经过合理的假定和简化后得到的。

斯蒂芬还考虑了有化学反应的扩散问题。他用不同的酸碱材料做了很多实验，观测在盐和水生成时的边界移动。他发现这个边界的移动与时间的平方根成正比。他的目的有两个：首先，希望对反应扩散过程有一个定量的描述；其次，他用实验对前面第 2 个情形的结果做一个间接的证明。重要的是他在这里引入了在移动边界上的流量条件。

作为液态–气态实验的补充，斯蒂芬也考虑了蒸发和溶解过程。他的蒸发实验的主要结论是，液态醚水平的下降与时间的平方根成正比，而与蒸发与试管的截面无关。对溶解过程，他还加入了对流的影响。实验之后，斯蒂芬继续对扩散、蒸发和溶解做了数学上的讨论。这是他考虑的第 7 个情形。

1890 年，奥地利著名数学期刊《数学与物理月刊》(现在的《数学月刊》)创刊号的第一篇位置上发表了斯蒂芬关于气态和液态相变的论文。这是他关于这个课题的另一篇以后被广泛引用的论文之结果的介绍，那篇论文完成于 1889 年，但最后是在 1891 年在《物理和化学年鉴》(《现在的《物理年鉴》)上正式发表。

情形 8 是情形 4 的一个延续，但斯蒂芬把限制条件大大地简化了。他假定水温在熔点之上，而且水在固态–液态的相变过程中的密度有变差。他还假定冰的位置是固定的，而液体部分则由于相变而流动。于是在冰中是一个关于温度 T 的纯粹热传导方程

$$\frac{\partial}{\partial t} T_s = \alpha_s \frac{\partial^2}{\partial x^2} T_s ,$$

而在水中则还有一个对流项

$$\frac{\partial}{\partial t}T_L + V_{xL}\frac{\partial}{\partial x}T_L = \alpha_L\frac{\partial^2}{\partial x^2}T_L,$$

其中 V_{xL} 是水的流动速度。斯蒂芬把这个速度与相变中的密度变化挂钩

$$V_{xL} = \frac{\rho_L - \rho_S}{\rho_S}\frac{\mathrm{d}}{\mathrm{d}t}x_M(t).$$

这里 ρ_L 和 ρ_S 分别为水和冰的密度。他还导出了另一个冰水交界的边界条件

$$h \cdot \rho_S\frac{\mathrm{d}}{\mathrm{d}t}x_M(t) = h \cdot \rho_L\left(\frac{\mathrm{d}}{\mathrm{d}t}x_M(t) - V_{xL}\right) = -k_L\frac{\partial}{\partial x}T_L + k_S\frac{\partial}{\partial x}T_S.$$

但是斯蒂芬没有试图去解这个问题。

　　斯蒂芬解决的是在液态区域里带有熔点以上初始温度的情形 4，这是他考虑的第 9 个情形。他发现，这个问题的精确解与第 2 个情形的解有相同的形式。现在人们把第 2 和第 9 情形统称为"两相问题"（two-phase problems），因为热传导在两个相里同时发生。

　　以上是斯蒂芬对固态－液态相变研究的大致情况。这些结果集中在 1890 年前后的两三年中。此后 40 多年后才有了比较重要的进展。这从一个侧面证明斯蒂芬的工作多么艰难。大致上说，这一类有自由边界和移动边界的相变问题都被称为"斯蒂芬问题"。这是为了纪念他在相变问题上的杰出贡献。数学上，人们主要是在三个领域里取得重要进步：近似解析方法、数值计算方法和定性结果（如解的存在性、唯一性和光滑性等）。

　　让我们回到本章开头的问题上：当一块在水中的冰块受热时，水－冰界面的变化。对这个问题，我们没有一般的解析解。下面用一个数值模拟来说明这个过程（如图 9.11）。假定在平面区域 $[-2，4]\times[0，5]$ 上有一个冰块。我们在下方 $y=0$ 这条边界上对

冰块向上均匀加热。用斯蒂芬方程对其进行数值模拟。我们看到的是一个冰尖的形成并又完全消失。最后的结果就是整个区域充满了水。

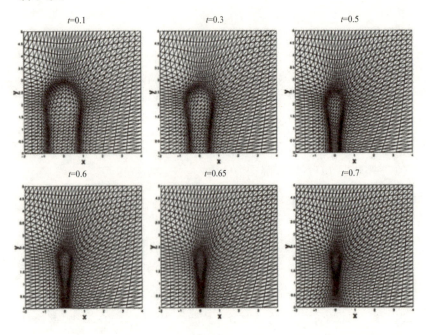

图 **9.11**　冰尖形成和消失过程的数值模拟

斯蒂芬问题在工业界和科技界都有广泛应用：钢材的生产、隔热罩的烧蚀、热存储系统的接触熔化、飞机积冰、水的蒸发等等。1988 年有人写了一篇综述文章，其中引用了 2 500 篇左右文献。谷歌学术搜索中从 1999 年到 2014 年显示了 42 万多篇论文。

4. 其他自由边界问题

现在我们转向更多的自由边界问题。

例1　让我们先来看一看"障碍问题"。假定我们有一块薄膜，我们把它固定在一个高度为 g 的水平的圆形线圈 Γ 上。当这个薄膜受到一个向下的外力 f 时，它会向下变形。外力越大，变形就越多（如图 9.12）。薄膜满足泊松方程

$$\begin{cases} -\nabla u(x,\ y)=f(x,\ y), & (x,\ y)\in\Omega, \\ u(x,\ y)=g, & (x,\ y)\in\Gamma, \end{cases}$$

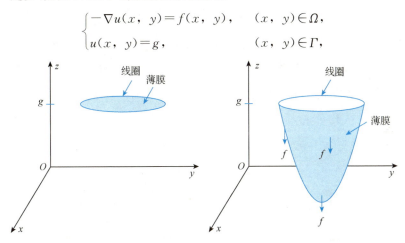

图 9.12　受力的薄膜

如果我们在 xOy 平面上加一块板子，那么薄膜显然不能延伸到 xOy 平面之下，它就会出现下图的形状（如图 9.13）：

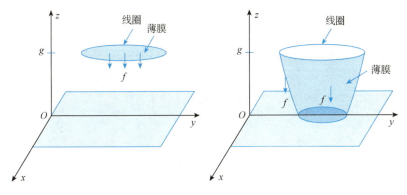

图 9.13　障碍问题示意图

这时得到的函数就是满足

$$
\begin{cases}
-\nabla u(x,y) = f(x,y), & (x,y) \in \Omega, u(x,y) > 0, \\
u(x,y) = 0, & (x,y) \in \Omega_0, \\
u(x,y) = g, & (x,y) \in \Gamma
\end{cases}
$$

的解，其中 Ω_0 就是原来泊松方程的解取负值的区域。由于我们不能事先知道这个区域的边界，所以这是一个自由边界问题。与斯蒂芬问题一样，人们必须求得 $u(x, y)$，同时得到这个区域。通常的做法是将问题转化成一个变分不等式，然后寻求极小狄利克雷能(Dirichlet's energy)泛函的解。显然，这个问题不是一个相变问题。(如图 9.14)

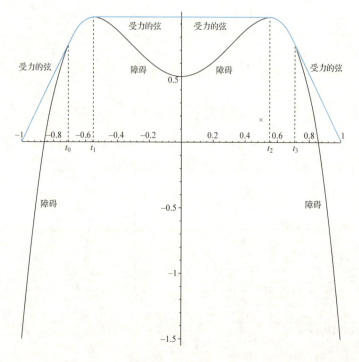

图 9.14　一维障碍问题(一根两头固定的弦被一个双峰障碍物顶起后形成的形状)

例 2　让我们来看一个雪花生成的例子。我们曾经在第 1 册第一章"雪花里的数学"中比较详细地介绍过这个例子。雪花的形成过程是一个结晶的过程。目前有两个数学模型来描述这个过程：一个是格拉夫纳和格里夫耶斯的"元胞自动机模型"，另一个是巴瑞特、纽伦伯格和加克的"自由边界模型"（如图 9.15）。在这里，我们把这个过程看成一个自由边界的形成过程，所以这是一个斯蒂芬类型的相变问题。在建立了相应的偏微分方程之后，用有限元方法可以得到数值解。下面还有两幅数值解的图片（如图 9.16）。

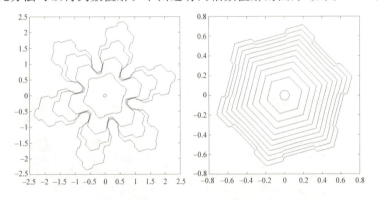

图 9.15　雪花的自由边界模型/加克

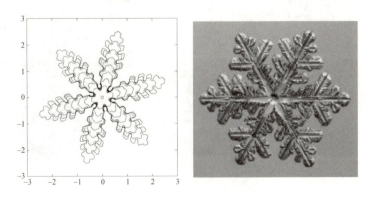

图 9.16　雪花模型与真实雪花的比较/加克

注意每一幅图片里都包含了许多时间段里自由边界的移动和发展。

例 3　在骨科治疗中有一个手段就是使用聚乳酸人工骨装入人体中。这是一种可生物降解的半结晶聚合物。它的好处是可以完全被人体吸收。下面是一个沿中轴线对称的骨科螺钉的纵向剖面。当把处于融化状态的聚乳酸注入一个螺钉的模具后，冷却固化过程中结晶出现（如图 9.17 和图 9.18）。实验表明越靠近中心部分，球晶的半径越大而且球晶的数量也越大。也就是形成较高的结晶材料。这是因为，在凝固过程中热扩散越快，球晶就越小和越少。所以靠近螺纹的地方球晶就越小和越少。为了得到较好质量的螺钉，结晶过程必须严格控制。物质的结晶过程是一个自由边界问题。

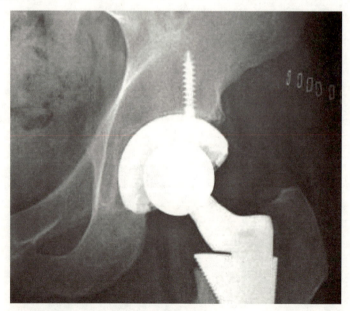

图 **9.17**　骨钉的使用 /维基百科

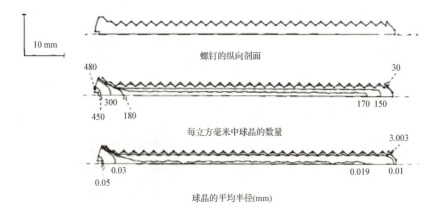

螺钉的纵向剖面

每立方毫米中球晶的数量

球晶的平均半径(mm)

图 **9.18**　骨钉结晶过程中球晶的数量和半径

很多结晶过程都可以归到自由边界问题上。

例 4　肿瘤的生长可以被模拟成自由边界问题。肿瘤细胞与正常细胞的区别是其分裂速度极快，因而肿瘤组织生长速度远大于正常组织。肿瘤生长有三个阶段：第一段是繁衍速度和生长都有限的未血管化生长阶段；第二段是肿瘤分泌出血管化因子从而使肿瘤细胞获得丰富营养的血管化阶段；第三段是获得了营养而恶性生长阶段。在第一段，肿瘤的生长满足一般生物种群的繁衍数学规律，即体积增长近似地服从指数规律。1972 年，格林斯潘运用化学物质的反应扩散原理结合细胞的繁衍与死亡，提出了一个偏微分方程的自由边界问题来描述早期肿瘤的生长（如图9.19）。从此以后这方面的模型越来越多。

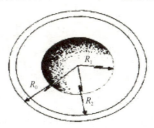

图 **9.19**　一个结节癌的横截面／

格林斯潘

相互依赖的多种族群体增长

的数学模型也是一个自由边界问题。

例 5   土石水坝都面临着渗流的威胁。数学上这是多孔介质由于渗透性和重力造成的过滤问题。水坝中的干—湿分界线是一个自由边界问题。另一个自由边界是饱和和非饱和渗流场所形成的液体扩散的自由边界问题（如图 9.20）。

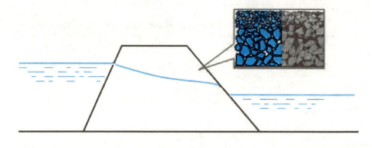

图 9.20   水坝问题

石油储藏的模型以饱和度来界定石油分布，也是类似的自由边界问题。

例 6   复印过程包括几个步骤。主要的几步是：

1. 原稿的电子图像在移动光导鼓上形成；

2. 由带电调色剂颗粒形成可见图像，其中一部分在电子图像上方沉积下来；

3. 在感光鼓的表面上沉积的调色剂转印到纸张上。

其中第 2 步中的一个关键问题是调色剂颗粒的电势，它可以用自由边界问题来描述。数学家不仅证明了这个问题的解存在唯一性，而且显示调色剂颗粒在中间一带会有比较少的量。这与早期打印机的效果是一致的，被业界称为"边缘效应"（如图 9.21）。

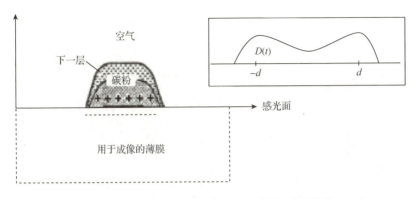

图 9.21 电子复印中调色剂颗粒的沉积 /阿夫纳·弗里德曼，胡钡

例 7 海洋、湖泊和河流里的水（或一般地，无粘无旋不可压缩液体）都满足欧拉方程。这里有两个边界：一个是固定的底层边界；另一个是上面的自由边界。自由边界受到水的压力和重力的制约（如图 9.22）。

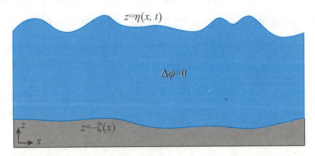

图 9.22 水的波动满足波动方程 /瓦桑

例 8 我们最后再来看一个可能有些意想不到的例子：金融数学中的自由边界问题。其实，我们只要知道偏微分方程在金融学里的应用就不难理解自由边界问题的应用了。最著名的是在 20 世纪 70 年代发展起来的应用于期权交易的布莱克－舒尔斯方程（Black-Scholes equation）。这里一条自由边界是卖区与非交易区分

界线，还有一条是非交易区与买区的分界线（如图 9.23）。

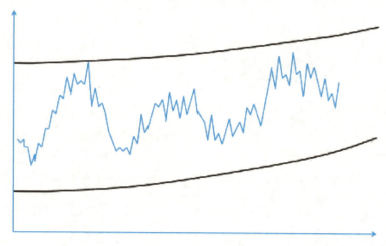

图 **9.23** 期权交易中的自由边界

我们通过上面几个例子说明自由边界问题有极其广泛的应用，但是这方面的研究还有许多工作要做。希望本章抛砖引玉，能引起对非线性偏微分方程的应用感兴趣的读者的注意。

参考文献

1. G. Lamé，B. P. Clapeyron. Memoire sur la solidification par refroiddissement d'un globe solide，Ann. Chem. Physics，1831，47：250-256.

2. Bolidar Sarler. Stefan's work on solid-liquid phase changes，Engineering Analysis with Boundary Elements，1995，16：83-92.

3. Jaime Wisniak，Josef Stefan. Radiation，conductivity，diffusion，and other phenomena，Revista CENIC. Ciencias Químicas，2006 ，37(3)：188-195.

4. Francesc Font Martinez. Beyond the classical Stefan problem，Ph. D. Thesis，Universitat Politˊecnica de Catalunya，2014.

5. G. Beckett，J. A. Mackenzie，and M. L. Robertson. A Moving Mesh Fi-

nite Element Method for the Solution of Two-Dimensional Stefan Problems, J. of Comp. Physics, 2001, 168: 500-518.

6. A. Friedman. Free Boundary Problems in Science and Technology, Notices of the AMS, 2000, 47(8): 854-861.

7. Henry Kasumba. Uzawa-Type Methods for the Obstacle Problem, thesis, Johannes Kepler Universität Linz, 2014.

8. 蒋迅. 雪花里的数学, 数学文化, 2012, 3(4): 31-42.

9. S. Mazzullo, M. Paolini and C. Verdi. Mode & esperimenti e simulazione di cristallizzazione di polimeri, Quademi Dip. Mat. Univ Milano, 1992, 20: 1-37.

10. H. P. Greenspan. Models for the Growth of a Solid Tumor by Diffusion, Studies in Applied Mathematics, 1972, 51: 317-340.

11. 崔尚斌, 艾军. 关于抑制物对肿瘤直接效果模型的数学分析. 应用数学学报, 2002, 25(4): 617-625.

12. X. Chen, A. Friedman and T. Kimura. Nostationary filtration in partially saturated porous media, IMA Preprints Series No. 2209, 1993.

13. A. Friedman, B. Hu. A Free Boundary Problem Arising in Electrophotography, IMA Preprint Series No. 625, 1990.

14. Vishal Vasan. Some Boundary-Value Problems for Water Waves, thesis, University of Washington, 2012.

15. K. Muthuraman, S. Kumar. Solving Free-Boundary Problems with Applications in Finance, Stochastic Systems, 2008, 1(4): 259-341.

16. A. O. Monge. American option pricing as a free-boundary problem, thesis, Universidad De Donora, 2009.

17. T. Arnarson. PDE methods for free boundary problems in financial mathematics, thesis, KTH, 2008.

第十章　现代折纸与数学及应用

折纸是一种艺术，也是一种技术，不仅可以供人玩乐和欣赏，还可以启迪心智，培养动手能力。现代折纸拥有更强大的技术，蕴藏的数学思想超乎了一般人的想象，已经衍生出折纸数学这样一门学科，广泛地应用在生活以及医学、航空航天等高科技领域。它在带给人们感官享受的同时，也带给人们思维挑战的喜悦。下面我们通过一系列具有代表性的人物和事例来浅谈现代折纸中的数学。

1. 我们日常的折纸

在现实生活中，我们大概都对折纸并不陌生。把一张纸折成千纸鹤、小飞机、小船、小衣服，也许是很多孩子童年最美好的记忆。让我们先来看一看如何折出一个天鹅(如图 10.1)。

现在把这个纸天鹅打开，我们得到下面的折痕(如图 10.2)。用我们平时学过的平面几何的知识，我们可以给出许多题目来，比如，可以 🔷题 计算 AF 的长度，也可以 🔷题 证明 $\triangle EDB$ 与 $\triangle FDB$ 全等。这些都是再普通不过的几何问题。

第1步
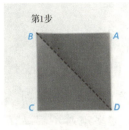

将一张正方形纸按对角线折叠出折痕再打开，并翻一个面。

第2步
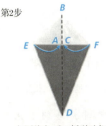

如图将点A和C折到对角线处并折出折痕，再翻一个面。

第3步
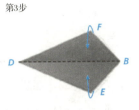

沿中间折线将纸折半，使得DE和DF到一起，得一个三角形。

第4步
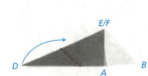

从最小角度处向上折90°并压出折痕。然后打开回原样，再向里推，使得"脖子"到里面去。

第5步
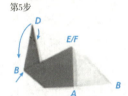

类似地，将"头部"D向下折出折痕并恢复到原处，再把"头"推入"脖子"的里面。

第6步

最后折起"翅膀"，大功告成。

图 10.1 天鹅折纸过程 /作者

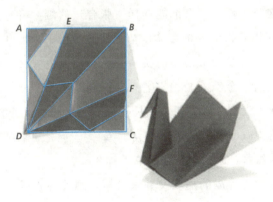

图 10.2 纸天鹅 /作者

2. 折叠的上限

Ｑ现在，给大家提一个似乎有些"离题"的问题，用一张纸对折，请问最多能折叠多少次呢？其实不少人都产生过这样的疑问。在折叠上面的天鹅时，我们也感到了折叠次数越多就越不容易。有人说 7 次，有人说 8 次。对于大多数的人来说，将一张纸折叠七八次并不困难吧。那么，最终的答案是什么呢？可能大家并没有去深究过。从操作层面来讲，这是一个困难的问题。因为每次对折之后，纸的厚度会增加一倍，面积却缩小一半，而指数级的增长是非常大的，所以至今人们做出的最多的折叠次数是 12 次，还无人真正打破这项纪录，很多人也曾一度认为这是不可能完成的超难任务。

这项纪录的保持者是加利文。她在打破这项纪录的时候还是一个名不见经传的美国高中生。有一次，她的几何老师在班上正式提出了这个问题。如果谁能选择一张合适的纸，将它成功折叠 12 次，就可以获得额外的数学学分。在此激励下，加利文开始不断地尝试，可惜在正常纸中的实验都无功而返。怎么办呢？她没有放弃，想到了金箔。金箔非常薄，只有 1 mm 的 0.028％ 那么厚。这一次，没有令她失望，在尺子、油漆刷和小镊子的协助下，她成功地将 10 cm 见方的金箔折叠了 12 次。但是，老师坚持不能用金箔代替纸张，因为金箔太简单了。

本以为大功告成的加利文并未气馁，继续潜心研究选择什么样的纸以及运用什么样的技巧，来完成这个挑战。最终，数学帮助了她。她尝试了两种数学方法来解决这个问题。

第 1 种方法是，对一张边长为 W、厚度为 t 的正方形纸，在不断交替变换折纸方向的情形下，得到了一个折叠 n 次的边长的近似值：

$$W = \pi t \, 2^{\frac{3(n-1)}{2}},$$

其中 W 和 t 的单位相同。

第 2 种方法是，对于一张可以很长的纸，将纸按一个方向折叠，亦即折叠一张长且窄的纸，得到了一个关于折叠次数(n)、纸张的最小可能长度(L)和纸张厚度(t)之间关系的方程：

$$L = \frac{\pi \cdot t}{6}(2^n + 4)(2^n - 1),$$

其中 L 与 t 的单位相同。

她制定了严格的规则(如图 10.3)：一张纸折叠 n 次后，必须要验证 2^n 层排列在一条直线上，这样才令人信服。因为两端弯曲部分未达到 2^n 层，不符合这个标准，所以不算在 n 次折叠的部分中。

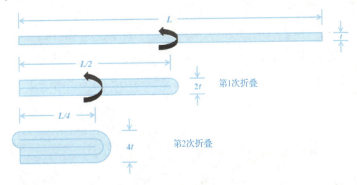

图 **10.3** 加利文折叠 2 次效果示意图/作者

有了折纸的数学理论依据，接下来，就要看哪种方法更可行。她经过缜密思考，发现第 2 种方法更为可行，而且对于高次数的折叠来说需要的纸较少。这就要计算出，折叠 12 次所需要的纸张的长度和厚度。经过计算得到，若将一张纸折叠 12 次，需要 1 200 m长的纸才行。如此长的纸去哪里找呢？世上无难事，只怕有心人啊！她想到了卫生纸。

于是，精彩的一幕上演了。2002 年 1 月，在母亲的陪同下，她满怀信心地走进位于波莫纳（Pomona）的一座大型购物中心，镇定自若地铺开那卷庞大的卫生纸，开始折叠之旅。由于纸很长，所以第 1 次折叠花了很多时间，然后按顺序完成一次次折叠。大家能够想象她共用时多久完成折叠的吗？足足耗时 7 h，才完成第 11 次折叠，将她的纸成功折叠成了一个 80 cm 长、40 cm 高的硬硬的厚板。

现在距离成功仅一步之遥啦。她面露笑容地完成了第 12 次折叠。这是打破纪录的一刻，这是见证历史的瞬间，怎能不让人激动呢？难怪她在自己的小册子《怎样将一张纸折叠 12 次：一个不可能完成的挑战的解决方法》(*How to Fold Paper in Half Twelve Times: An Impossible Challenge Solved and Explained*)中写道："当我完成第 12 次折叠时，世界是那么美丽。"她的笑容那么灿烂，一如所有的坚持和信念在这一刻光荣绽放出的一朵美丽的花。

此后，她受到了更多的关注。2005 年，哥伦比亚广播公司在黄金时段的数字追凶节目播出了她的成功。2006 年 9 月 22 日，她有机会在国家数学教师委员会（National Council of Teachers of Mathematics）会议上演讲。2007 年，她从加利福尼亚大学伯克利分校（University of California-Berkeley）的自然资源学院毕业，获得环境科学学位。

加利文的成功也激起了更多的人跃跃欲试。虽然这些勇于尝试的人收获了一些赞美，但他们要么把纸进行捆扎、要么将纸撕裂、要么将纸进行粘连，没有完全遵守折叠的游戏规则，所以算不上真正意义上的挑战成功。不过，极限在哪里还是一个未知数。2011 年，美国麻省圣马克中学的师生们借用麻省理工学院的无尽走廊(Infinite Corridor)，在尝试了 6 年之后终于成功地折叠了 13次，可惜因没有符合长度的一卷卫生纸，他们只能把很多卷卫生纸进行粘连来达到所需要的纸的长度。

Q 这算不算是破了加利文的纪录呢？看加利文怎么说吧。加利文对他们的热情和坚韧给予了赞美，但却不认为他们挑战成功，因为不剪不粘是折纸艺术的最基本要求。后来他们自己也承认了这一点，但却认为，虽然如此，也在某种意义上打破了加利文所创造的折纸纪录。仔细想想，我们可以把能够折叠多少次看作一个求最大值的问题，而这类问题都必须明确一个求值的范围。似乎加利文并没有把这个范围说得很明确，所以才会产生一些不同的意见。不管谁是谁非，大家如果有兴趣可以用家里的卫生纸小试一下哦！亲自体会一下它与普通 A4 纸或报纸折叠效果的异同。

Q 也许有人说，我用世界上最薄的纸就应该能想折叠多少次就折叠多少次。这是不可能的。在加利文折叠 2 次效果示意图中，我们有意夸大了纸的厚度，使读者可以看清楚我们的折叠过程。假定纸的厚度为 t，长度为 L，那么在经过一次折叠之后，厚度就成了 $2t$，长度成了 $L/2$。经过两次折叠之后，厚度成了 $2^2 t$，长度成了 $L/2^2$。经过 N 次折叠后，厚度成了 $2^N t$，长度成了 $L/2^N$。就是说每折叠一次，厚度增加一倍，长度减少一半。我们可以看到，厚度与长度的比 R 满足：

$$R = \frac{2^N t}{\dfrac{L}{2^N}} = 2^{2N} \frac{t}{L},$$

容易看出，这个比值随着 N 的增加而成指数增长。普通的纸张（$11'' \times 8.5''$）的厚度大约为 10^{-4} m＝0.1 mm，长度大约为 279 mm。美国物理学教授阿兰计算了这个比值 R 并得到 N 与 R 的关系图（如图 10.4）。

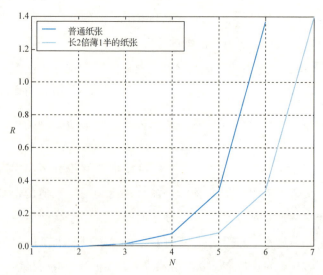

图 **10.4** 　N 与 R 的关系 /阿兰

可以看到，对于普通纸张，$N=4$ 时，R 大约是 0.086；N 大于 5 后，R 就超过了 1，也就是说，这时的厚度超过了长度。在实际操作中这样的情况显然是无法操作的。即使长度增加一倍厚度减少一半时，再多折叠一次后 R 也超过了 1。

现在我们来用一个特别长的普通纸张来折叠 50 次，并假定这时 R 到了 1。让我们来看看长度需要有多长。我们有

$$L = (2^{2N})\frac{t}{R} = (2^{100})\frac{10^{-4}}{1} = 1.27 \times 10^{26} \text{ m}.$$

这个长度已经超过了从地球到太阳的距离（1.5×10^{11} m）。

Q 从这个故事，我们多少可以看到美国人的教育方式。老师不局限于课堂上的内容，而是提出一些没有现成答案的问题来。加利文把握住了机会，于是得到了一个漂亮的解答。其实机会是均等的，只是看谁能够抓住。

加利文的成功除了她的坚持和信念之外，当然和数学分不开。折纸起源于中国，有人考证，在宋朝就有了用于祭祖的折纸金元宝，甚至军队的盔甲都有折纸的部分。但是折纸在日本才得到本质性的发展。610 年，朝鲜和尚昙征渡海到日本，把造纸术献给日本摄政王圣德太子，圣德太子下令推广至全国。没有文献记载折纸在日本最早是什么时候开始的。1682 年有书《好色一代男》记载折纸的蛛丝马迹，但没有图片和图形；1764 年有了对"折形"详解的书《包结记》；1797 年《千羽鹤折形》中介绍了 49 种折纸串鹤的方法。折纸已经成了日本的国粹，在小学里是必修课。但是在整个19 世纪里，折纸也没有脱离千纸鹤这些简单的玩物上。直至 20 世纪 80 年代，折纸在日本突然发生了质的变化。吉泽章制作了大量全新的折纸作品。不仅如此，他还开发了一套折纸的技术描述，使得折纸艺术得以推广。让折纸得以蓬勃发展的是人们意想不到的学科：数学。包括折纸在内的折叠与展开问题近来甚至发展成为了一个专门的数学学科，存在着很多有意义的问题。如果我们展开折纸作品，上面的折痕会表现出一些数学特性，使我们有规律可循，从而更轻易地实现折叠。加利文解决的问题只是一个初等代数问题，而现在更加深刻的几何学就要登场了。

3. 三浦折叠

在继续讨论折纸中的数学问题之前，让我们先来看一个小小的折纸应用。

Q 让我们再来看看加利文的折纸方法还能对我们有什么启发。我们可以看出，她的方法是地图折叠的一种特殊情形。因为她做的是单方向（包括反方向）折叠，所以她一定要让纸张足够长。但细想一下，我们有什么理由一定要限制自己在一个方向上折叠呢？纵观折纸的历史，五彩缤纷的折纸作品（比如我们的天鹅）都没有局限于单方向折叠。最为平庸的折纸算是袖珍地图了。如果读者买过袖珍交通图的话，那么一定会发现它至少在横向和纵向两个方向上折叠。那么问题出来了：有没有更好的方法把地图折叠得更小更紧凑？

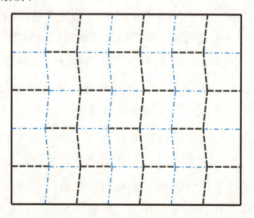

图 10.5   三浦折叠的折痕/维基百科

事实上，这样的方法确实存在，其中之一就是三浦折叠（Miura fold）（如图 10.5 和图 10.6）。三浦公亮是日本东京大学天体物理学家。他平时的研究涉及更大的平板（如天线和太阳能板）进行最有效的装箱问题。通常的做法是像地图那样横竖折叠。他注意到这种方法有 3 个缺点：第一，一个正交折叠地图需要一系列过度复杂的动作来折叠和展开它；第二，一旦展开后折痕很有可能不稳定；第三，直角折叠几乎无一例外地在纸张上诱导出很大的压力，在两个相交的折痕处首先出现撕裂。

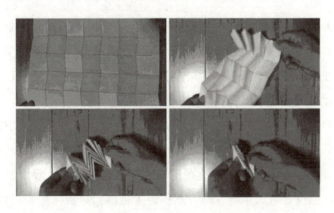

图 10.6　三浦折叠 /维基百科

他决心自己发明出一个更好的方法。他的方法就是用日本的传统折纸术。其中最常见的是，使用一种变形的手风琴折叠，以产生由一系列全等平行四边形组成的略微呈脊状的表面。他从几何形状和弹性方面研究发现，这种手风琴式的折叠与传统的正交折叠的最大区别在于其折叠的相互依赖性。因此，沿着一条折痕的拉动也同时产生了沿其他折痕的运动。换句话说，用户可以只需拉动一个角，就可以打开整个结构。如图 10.5，他把两个相互正交的折痕（90°）改为一个 84° 和一个 96° 折痕的平行四边形，每行换一个方向。这个方法就是以拉开对角两端来把纸展开，而在收缩时则反向推入，除了可以节省空间外，还可避免在折叠和展开的过程中造成损耗。研究发现这个方法可使物件的体积减小为原来的 1/25，并使能量密度加强 14 倍，不仅可以用在地图上，还可用于人造卫星的太阳能板收放等方面，因而 2006 年被日本经济产业省评为百大日本发明之一。

4. 罗伯特·朗的折纸

折纸在日本的成功也影响到了大洋彼岸的美国。美国物理学家罗伯特·朗开始把折纸作为数学理论进行研究。他本科毕业于加州理工学院电子工程系，继而获得斯坦福大学电子工程硕士和加州理工学院的应用物理博士学位。

朗博士对折纸的兴趣来自他的小学老师。因为只有 6 岁的他在班里过于超前，老师只好给他找一些有意思的事情做，从此一发不可收拾。那个时候折纸在美国还没有流行起来，没有折纸俱乐部，也没有折纸年会。朗有幸找到了折纸大师伊莱亚斯的地址，两个人开始通过信件交流起来，他的折纸水平也显著提高。到 13~14 岁时，他就已经能自己创作。

在大学里，他选择了电子工程专业，因为他喜欢动手制作。有一次他被一个实验课上的激光实验所吸引，他爱上了光学。同时，他继续把折纸作为一个业余爱好。他接触到了许多折纸大师，折纸水平更上一层楼。由于在大学里受到了更多的数学训练，他开始自觉地把折纸与数学联系起来。他注意到，不管是物理还是工程学，一个重要的手段就是建立数学模型，然后用数学作为工具去研究这个模型，从而对所对应的对象有所了解。折纸也是这样，不管有多么千变万化，都有其内在的自然规律。符合规律的就可以做到，反之就无法实现。他想，他如果能够找出这些规律来，那么就可以按照一定的规律去创作。

在斯坦福大学攻读电子工程硕士期间，他每周在 IBM 兼职工作一天半，同时开始为他的第一本折纸书准备材料。他的书名叫《折纸大全》(*Complete Book of Origami*)。现在想起来觉得有些好笑，因为它收集的折纸图案比大全相差甚远。从斯坦福毕业后，他又回到加州理工学院攻读博士学位。然后到德国去做博士后。

在德国期间，他住在著名的黑森林 (Black Forest) 附近。当地有一种著名的挂钟"布谷鸟钟"。它的内部有设计精巧的齿轮装置，整点报时时，钟上方的小木门就会自动打开，并出现一个会报时的布谷鸟，发出悦耳的"咕咕"的叫声。"布谷鸟钟"激发了他的创作灵感。他创作出了很复杂的折纸版的德国布谷鸟钟 (cuckoo clock)（如图 10.7）：上面是一个带有角的鹿头，一只小鸟落在打开的窗台上，钟面上有时针和分针，下面还有一个钟摆。他选了一张 10英尺①长、1 英尺宽的纸，用了 3 个

图 **10.7** 布谷鸟钟/罗伯特·朗

月时间设计和 6 h 折叠。这个作品让他一举成名。他对折纸有了更深刻的理解，于是开始思考写一本新书，一本关于折纸方法的书。

以后的 14 年里，他继续做雷达物理学家，在自己的专业领域

---

① 英制单位。1 英尺≈0.304 8 m。

里取得了成功。先是到 NASA 的喷气推进实验室工作，后来又到硅谷的几家公司工作，主要做的都是半导体激光器、光学和集成光电子学方面的工作，并获得 46 项专利。他的写作计划只能在很少的空余时间里去实施。他感觉无法再这样继续下去了。要么放弃写作，要么放弃工作。2001 年，他下决心辞去了工作，全身心投入到写书中去。他用了一年半的时间，终于完成了自己的大作《折纸设计秘密：一个古老艺术的数学方法》(*Origami Design Secrets：Mathematical Methods for an Ancient Art*)。在这本书里，他继承了折纸中的数学理论，并用这些理论来指导建立模型，特别是还开发了一个设计折痕的软件 TreeMaker，这些对折纸艺术的普及和发展起到了极大作用。

朗博士积极推广折纸艺术。除了写书和提供免费软件，他还到各地演讲并举办展览。图 10.8 是他在一次演讲后为小折纸爱好者签名。

图 **10.8**　朗博士(原来他还是一个左撇子哦!)为小折纸爱好者签名 /作者

5. 折纸的数学理论

现在我们就来看一看折纸中的一些数学理论。当我们把折纸当作一个抽象的数学对象时，我们首先要做的是把纸当作一个抽象的对象。亦即，我们把纸描述为满足下述性质的对象：不能拉伸、不能剪切、不能穿过，但可以折叠的材料。我们不考虑 3 维的弯曲现象，因为从局部上说，3 维弯曲的纸面本质上与 2 维的纸是相同的。于是，任何一个折纸模型都可以归根到折痕上。这里有两个基本的数学问题：第一，可折叠性，即给定的一组折痕是否可折叠或者是否可按一定的特殊要求折叠成为一个折纸作品；第二，可设计性，即给定一个形状，可否有一组折痕把纸折叠成预定的形状，如果可以的话，如何折叠。第 1 个问题看似是一个纯数学问题，而第 2 个问题则是算法问题，但其实它们都是算法问题。

对折痕我们引入几个术语。沿着一条折痕向上折成一个 V 字形时称为"谷"，反之称为"峰"（英文的用词是"Mountain"，是山的意思，但似乎翻译成"峰"更为贴切）（如图 10.9）。如果在一个点上有多条折痕，那么这个点称为一个"顶点"。

显然，我们在这里假定折痕都是直线。其实曲线的折痕也是可能的，我们将在后面提到。围绕（直线）折痕有以下 4 个数学法则：

（1）折痕可以把一张纸的整个区域用两种颜色填满；

（2）前川定理：围绕任何一个顶点的峰数和谷数相差为 2；

（3）川崎定理：围绕任何一个顶点的奇数夹角之和与偶数夹角之和均为 $180°$；

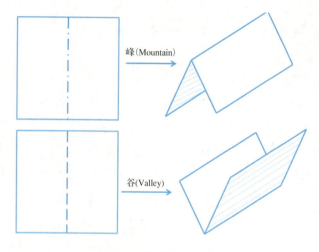

图 **10.9** "峰"和"谷" / 作者

(4)纸不能穿过任何折叠处。

川崎定理是在 20 世纪 70 年代末期才被证明的。由此可见,折纸的数学理论是在近代取得的。上面是上述法则(1)(2)(3)的示意图(如图 10.10)。下面再给一个例子(如图 10.11)。在这个例子中,峰数为 5,谷数为 3;奇数夹角之和为 $90° + 22.5° + 45° + 22.5° = 180°$,偶数夹角之和为 $45° + 22.5° + 90° + 22.5° = 180°$。

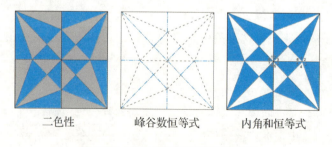

二色性　　　　峰谷数恒等式　　　内角和恒等式

图 **10.10**　数学法则示意图 /维基百科

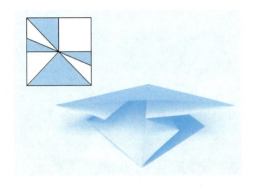

图 **10.11**　折痕图例/维基百科

假定所有折纸操作均在理想的平面上进行，并且所有折痕都是直线，那么有下面一组公理描述了通过折纸可能达成的所有数学操作。

公理 1　给定两点 p_1 和 p_2，有且仅有一条折痕同时过这两点；

公理 2　给定两点 p_1 和 p_2，有且仅有一种方法把 p_1 折到 p_2 上；

公理 3　给定两直线 l_1 和 l_2，可以把 l_1 折到 l_2 上；

公理 4　给定一点 p_1 和一条直线 l_1，有且仅有一种方法过 p_1 折出 l_1 的垂线；

公理 5　给定两点 p_1 和 p_2 以及一条直线 l_1，可以沿过 p_2 的直线将 p_1 折到 l_1 上；

公理 6　给定两点 p_1 和 p_2 和两条直线 l_1 和 l_2，可以一次将 p_1，p_2 分别折到 l_1，l_2 上；

公理 7　给定一点 p 和两条直线 l_1 和 l_2，可以沿着 l_2 的垂线将 p_1 折到 l_1 上。

这些公理合在一起称为"折纸公理"，也称为"藤田－羽鸟公理"或"藤田－贾斯汀公理"。朗证明了这 7 个公理已经是折纸几何的全部公理。公理 5 可能最多有两个解，公理 6 可能最多有 3 个解，而尺规作图的公理最多只有两个解。所以，折纸的作图能力要比尺规作图强大，诸如三等分角、倍立方体等尺规作图无法解决的问题却可以用折纸几何解决。从这个意义上说，折纸比尺规更强大。

从本质上说，折纸几何证明相当于古希腊的二刻尺作图（Neusis construction），二刻尺有两个刻度。所以从这个意思上说，古希腊人并不是技术上无法解决诸如三等分角、倍立方体等问题，而只是认为二刻尺过于简单，于是刻意避免。

让我们来看一个具体的例子体会一下折纸在平面几何上的应用：三等分一条线段（如图 10.12）。注意每一步所用的折纸公理。取一张正方形的纸对折得折痕 AE。再沿对角线折叠得 DB。第 3 步穿过 A 和 G 两点折叠得 AG。AG 与 DB 的交点为 C。从 C 向 DG 作垂直折痕得 DG 上的点 F。注意 $\triangle AEG$ 与 $\triangle CFG$ 相似。记 FG 为 x。容易证明，$x = DG/3$。

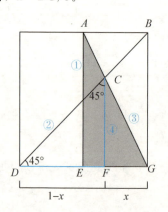

图 10.12　三等分一条线段 / 作者

顾森写过一篇"漫话折纸几何学",更详细地介绍了折纸几何的发展历史。关于倍立方,请参见第 2 册第五章"$\sqrt{2}$,人们发现的第一个无理数"。

题 现有一张纸,一把"直尺"和一支铅笔。如果不能用笔,如何验证尺子是直的?如果纸不能折,如何验证?

题 勾股定理可能是证明方法最多的一个定理。你能用折纸证明勾股定理吗?

顺便指出,数学家在考虑折纸问题时经常假定纸的厚度为零以简化问题的复杂度。迄今为止,加利文的论文是唯一一篇分析纸的厚度的论文。

现在我们回过头来看一下折纸设计的问题。下面的图是其基本路径(如图 10.13)。我们先把一个要实现的对象抽象成一些线条(第 1 步),经过初步折叠之后有了一个大致的轮廓(第 2 步),最后把细节加上成为一个完整的作品(第 3 步)。其中第 1 步和第 3 步都比较容易,难就难在第 2 步上。我们必须做出许多枝节来。

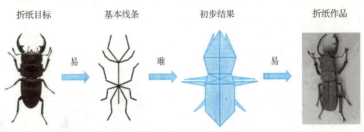

图 **10.13** 折纸从目标到作品/朗

让我们进一步看一看这些枝节是如何形成的。一个枝节可能在纸的一角,或纸的一边,或纸的中间。下面是这三种情况下的折叠示意图(如图 10.14)。

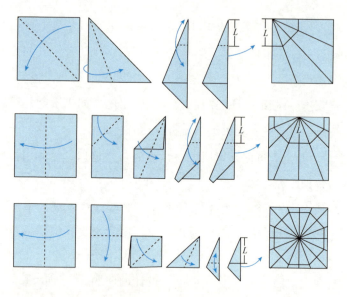

图 **10.14**   枝节与圆的关系作品 /朗

我们看到，它们分别对应于四分之一圆、半圆和整圆。那么枝节与枝节之间呢？从下面的图，我们看到的是一些长长的折线（如图 10.15）。朗博士称之为"河"。于是一个作品的折痕就是由一些圆和一些圆与圆之间的河构成的。

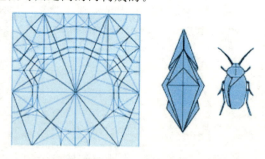

图 **10.15**   圆与河 /朗

于是，可设计性就变成了数学家们早已研究的平面上"圆堆砌"(circle packing)问题。

到这里，我们已经感受到了折纸和数学的密切关系。这时候的折纸也不再是按照一定的步骤就能完成的了。有时候许多步必须一起完成，而且一个作品需要好几百步才能完成，但我们能看到的是一个异常丰富多彩的折纸世界。

折纸不仅表现在它与数学的联系及其在艺术上的表现，更重要的是它在工业界的应用。

就在朗博士辞职前不久，劳伦斯利福摩尔国家实验室的一位研究人员找到了他。原来他们正在设计一个大口径无支撑衍射望远镜，希望朗博士帮助他们设计出一个折叠方案。谁都知道，如果不把它折起来，就没有运载火箭可以把它送上太空。唯一的办法是把它折叠起来，然后在空中再让它自动打开。正好研究团队里有一位研究生是折纸爱好者，又正好他在一个折纸杂志上读过朗博士的文章，印象深刻。他们一起发明了一个 5 m 的小望远镜的折叠方案。虽然这个项目最后被砍掉了，但朗博士的折纸技术进入了航天领域。不仅是望远镜，太阳能板的折叠也采用了折纸技术。2018 年将要升空去代替哈勃太空望远镜的韦伯太空望远镜将是有史以来最大的太空望远镜：在完全打开后有 $18 \times 12.2 \text{ m}^2$，大约是一个网球场大小，但在发射时，它将被折叠进一个 $16.19 \times 4.5 \text{ m}^2$ 的整流罩里（如图 10.16）。

Q 折纸技术在微观世界也能派上用场。牛津大学研究员由衷和栗林的团队利用折纸技术改造了用于血管搭桥手术的支架。他们用一种形状记忆合金为材料，先把它收缩起来，等到了血管中需要搭桥的地方时，让它自己恢复原状。更有意义的是，这种合金在人体里不会产生免疫反应。人们之所以以前没有用到它就是

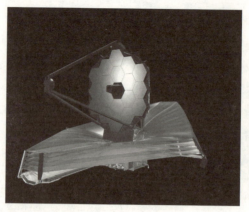

图 **10.16** 打开前后的韦伯太空望远镜 /NASA

因为缺了这个折纸技术。折纸技术的应用还有：折纸锂电池、纳米纸天线、折纸肺泡、细胞折纸、宇宙折纸、DNA 折纸术、机器人等。2014 年，国立首尔大学的研究人员基于折纸的原理设计了一个可以自我改变直径的车轮。哈佛大学的学者制作出可以自我折叠的机器人。杨百翰大学的一位博士生与 NASA 喷气推进实验室的研究人员一起开发出可以折叠的太阳能板。伊利诺伊大学厄巴纳－香槟分校、乔治亚理工学院和东京大学的研究人员设计出"拉链管道"折纸管道，在运输和储藏时呈折叠状，而打开后还能承受重力。

　　如果读者认为折纸是玩家的事情的话，那真是说对了。可以想象的是折纸高手都是从小着迷于玩折纸，逐渐转到了折纸的应用上。还有一个例子很有意思：卡内基梅隆大学和斯坦福大学的两位科学家为了揭示 RNA 分子在折叠时的一些约束条件，专门开发了一个在线游戏，然后利用玩家的数据来做研究。

　　Q 上面谈到的其实是折纸里最传统的一类。折纸现已发展出

许多分支。行动折纸(action origami)、模块折纸(modular origami)、湿折(wet-folding)、净折(pureland origami)、镶嵌折纸(origami tessellations)、切纸(kirigami)、布折(fabrigami)等(如图10.17)。模块折纸的特点是作品可以比较复杂,达到单一纸张的折纸所不能达到的形状。模块折纸的难度不在折叠上,而是在组合上。考据癖写了一篇"Mathematica 和 Wolfram | Alpha Logo 折纸模型",专门介绍她制作的 Wolfram | Alpha 的 Logo 组合折纸模型。我们一般把重点放在技巧性更强的单一纸张的折叠上,但偶尔也会涉足于此(如图 10.17 中的模块)。镶嵌折纸其实就是在纸上设计出一个模式,然后多次重复,上面有一个作品(如图 10.17 中的镶嵌是华裔少年 Oliver 的作品)。美国陶艺家区汝明在景德镇用折纸的形式创作出一组施以影青釉的杯盘碗碟陶器,可以称之为陶折(ceragami)吧。斯坦福大学的普拉卡什开发出了折纸显微镜(Origami Microscope)。其中湿折是一个比较有意思的分支。湿折就是把纸弄湿使得折纸人可沿曲线折叠。这个方法把雕塑的元素加入到了折纸中,创作出的作品更加逼真动人。在这方面我们不得不提到一个牛人——麻省理工教授埃里克·德尔曼博士。

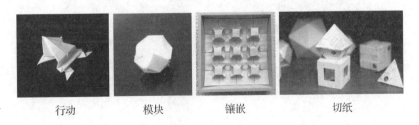

行动　　　　模块　　　　镶嵌　　　　切纸

图 **10.17**　不同种类的折纸 /维基百科,作者

6. 牛人埃里克·德尔曼

埃里克(如图 10.18)曾经是一个小神童。他是加拿大人,他的父亲是著名玻璃吹制艺术家马丁·德尔曼。在埃里克 6 岁的时候,他们父子两人创办了"埃里克和爸爸猜谜公司",一起在全加拿大散发谜题。父亲马丁还亲自给埃里克在家上课,每当埃里克对某个领域产生了兴趣,马丁就想方设法去找资料,然后两人一起学习。这其中就包括编程和数学。从未得到过高等学位的父亲居然就这样让儿子在 12 岁就获得了高中毕业文凭。同时马丁渐渐受到儿子的兴趣影响,从艺术家成了数学艺术家。随后埃里克进入加拿大戴尔豪斯大学,两年后获得学士学位。

图 **10.18**　埃里克/作者

14 岁时,埃里克进入加拿大滑铁卢大学攻读硕士和博士学位。他的博士论文题目就是"折叠与展开"(Folding and Unfolding)。这篇论文被认为是计算折纸领域的开创性工作。他因此获得了加拿大总督学术奖章(Governor General's Academic Medal)和加拿大自然科学和工程研究理事会最佳博士论文奖(NSERC Doctoral Prize)。本来他在上硕士课的时候打算学习分散系统，但是自从结识了研究计算几何的卢比乌和研究数据结构的尹恩·门罗两位教授，发现自己更喜欢计算几何领域，于是毫不犹豫地改变了研究方向。更为重要的是，两位导师给予他充分的自由：他可以选择任何喜欢的课题，也可以周游世界去与任何人合作。两位教授的教学风格和合作精神也深深地影响了他，至今他的所有论文都是与他人共同完成的，仅在博士论文里提到的联署人就有 50 多人。

埃里克的博士论文研究的是 2 维空间中的 1 维物件的折叠问题。一串在 2 维平面上的刚性棍子在端点连接，在保持每一根棍子不变形，相互不相交，而且连接处不断的条件下，能否将多边形弧线(polygonal arcs)变成直线？能否将多边形闭路(polygonal cycle)变成凸多边形？能否将多边形树(polygonal tree)变成平面树？这 3 个问题可以用下面的图(如图 10.19)来表示：

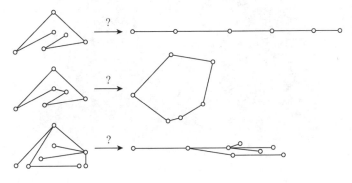

图 **10.19** 1 维物件的折叠问题/埃里克博士论文

在 3 维空间里，人们知道答案都是否定的；在 4 维空间里，答案都是肯定的。而在 2 维空间里，人们只知道第 3 个问题的答案是否定的，而前两个问题则成了悬案。埃里克的博士论文就是证明了前两个问题的答案都是肯定的。

2001 年，获得博士学位后，20 岁的埃里克被麻省理工学院（MIT）聘为教授，成为这所名校历史上最年轻的教授。而且，为了让他接受聘请，MIT 居然还给他父亲提供了一个职位。两年后，他获得麦克阿瑟天才奖（MacArthur Fellowship）。2013 年，欧洲理论计算机科学协会授予他 Presburger 奖。同年他还获得了约翰·西蒙·古根海姆纪念基金会的奖金。他和父亲合作的 3 件折纸作品被纽约现代博物馆（MoMA）永久保存。下面分别是麦克莱伦系列（McClellan Series）中的两个作品"火蛇"（Fire Serpent）和"海洋瓶"（Ocean Bottle）（如图 10.20）。

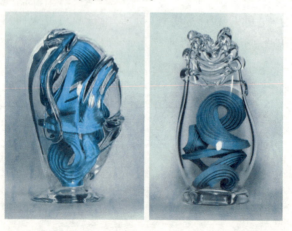

图 **10.20**　麦克莱伦系列(2014 年)/埃里克个人网站

埃里克小的时候受到父亲吹玻璃的影响，所以更加着迷于曲面，特别有空间想象能力。当他们父子开始折纸合作后，自然向曲面折纸发展。德尔曼父子的折纸作品被称为"曲面折纸雕塑"，这种艺术形式起源于 1920 年德国的艺术和建筑学校包豪斯（Bauhaus）。虽然它后来因纳粹政权压迫而关闭，但是它到今天仍然深具影响。1927 年，德国艺术家、教育家、包豪斯教师亚伯斯开了一门纸学课。亚伯斯的作品已经表现出纸张自动卷曲成鞍形，一些作品中也已经有了类似三浦折叠和镶嵌折叠的雏形。

如果读者自己想做一个这样的作品的话，只要在一张中空的圆形纸上画出一系列同心圆，然后依次按"峰"和"谷"折叠，就可以得到自己的成品了。包豪斯关闭后，亚伯斯到了美国，又把他的手艺传到了美国。20 世纪 80 年代晚期，由于丹麦折纸大师梭基·严的推动，曲面折纸变得流行起来。2002 年，日本折纸大师笠原邦彦出版了一本书《极致折纸》（*Extreme Origami*），其中有许多同心圆模型。

7. "过客"大卫·哈夫曼

在曲面折纸史的另一条发展线索上，我们还需要再讲一个人物：美国早期的计算机科学家哈夫曼。哈夫曼是加州大学圣克鲁斯分校教授和计算机系创始人。他最出名的算法是他在麻省理工攻读博士学位时所发明的，1952 年发表在《一种构建极小多余编码的方法》（*A Method for the Construction of Minimum-Redundancy Codes*）一文中。这种算法现在称为"哈夫曼编码"，是一种用于无损数据压缩的熵编码（权编码）算法，可能我们大家并未察觉，但它一直在影响着我们，比如，大家看到的 JPEG 图片和听到的 MP3 都用到了它。哈夫曼对折纸的兴趣，开始于 20 世纪 70 年代中期。与通常的折纸的出发点不同，他从曲率出发，在数学理论

的高度写出了论文"曲率和折痕：纸张入门"（Curvature and Crea-
ses：A Primer on Paper）。

　　作为一名科学家，他不满足于能够折出什么来，而是好奇于
在什么条件下能够折。他首先发现了前川定理的一个特殊情况，
就是当一个顶点处有 4 条折痕时的前川定理。他把这个条件称为
"pi 条件"，因为 180°正好是 pi 弧度。遗憾的是，他把自己的发现
和作品都作为业余爱好而独自欣赏，发表的论文只有前面提到的
一篇。他的大多数作品都是在他 1999 年去世后由他的子女提供给
媒体后才曝光的。科学家和艺术家的一个共同特点就是天生追求
完美。哈夫曼在折叠之前总是把注意力放在极小曲面上，就像肥
皂泡那样。他尝试各种将直线折叠的褶图变成弯曲的 3 维曲面的
途径。后来，他采用了曲线折痕的方法。他选择了像抛物线和椭
圆那样的二次曲线作为研究的重点。他的这个业余爱好与工业应
用密切相关，人们需要知道某个材料在压力下会如何成型。

　　在哈夫曼之后，曲面折纸的代表人物就是德尔曼父子。哈夫
曼的去世带走了他对折纸的深刻理解，但好在他留下了很多作品
和笔记。德尔曼父子对哈夫曼的作品进行了抢救性的发掘。在哈
夫曼的子女的帮助下，他们两人和 MIT 的另一位教授库矢茨把哈
夫曼的作品都重做了一遍。图 10.21 就是他们复制的尖六角柱
（Hexagonal column with cusps）。

　　数学上比较著名的曲面是双曲抛物面，俗称马鞍面。在西方，
人们通常把它称为"品客"（Pringle）（如图 10.22）。这种形状从曲面
折纸一开始出现就反复被人们尝试过。下面我们跟随德尔曼父子
来折叠一个双曲抛物面。双曲抛物面的标准方程是：$z = x^2 - y^2$。
按下面的步骤在一个正方形的纸上就可以做出一个双曲抛物面（如

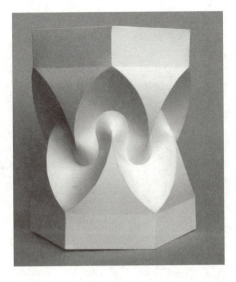

图 **10.21**　德尔曼父子与库矢茨复制的哈夫曼的
尖六角柱 /埃里克个人网站

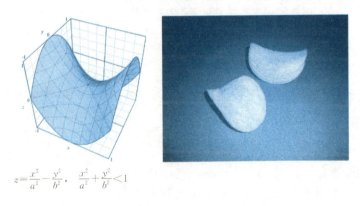

$$z=\frac{x^2}{a^2}-\frac{y^2}{b^2}, \quad \frac{x^2}{a^2}+\frac{y^2}{b^2}<1$$

图 **10.22**　双曲抛物面和品客 /维基百科

图 10.23）。

　　最后的马鞍形状是自动形成并保持的。折叠后的纸自己找到
了受力的平衡点。但是人们对其中的力学机制还知之甚少。埃里

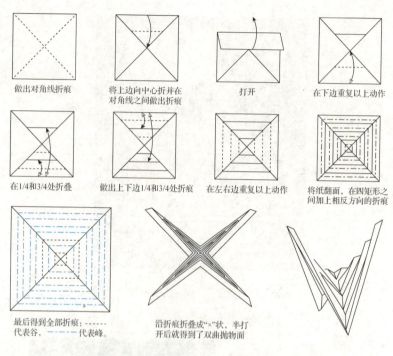

做出对角线折痕　　　将上边向中心折并在　　　打开　　　　在下边重复以上动作
　　　　　　　　　　　对角线之间做出折痕

在1/4和3/4处折叠　　做出上下边1/4和3/4处折痕　在左右边重复以上动作　　将纸翻面，在四矩形之
　　　　　　　　　　　　　　　　　　　　　　　　　　　　　　　　　　　　间加上相反方向的折痕

最后得到全部折痕：------　　　沿折痕折叠成"×"状，半打
代表谷，———代表峰。　　　开后就得到了双曲抛物面

图 10.23　双曲抛物面折叠步骤/埃里克个人网站

克指出，其中必定有肉眼看不见的微小折痕，因为人工的直线折
痕无法形成最后的形状。事实上埃里克等人在一篇论文中证明了
这个事实。他们还证明了，只要加上一些微小的折痕，就可以做
到。论文中附有一个 Mathematica 程序。题 有兴趣的读者可以试
一试。

8. 日益兴旺的折纸

折纸在英语里有两种说法：folding paper 和 origami。随着折
纸数学的兴起，1994 年，在第 2 届折纸科学国际会议上，日本学
者芳贺和夫提议在 origami 的词尾添加后缀 cs，表示用折纸来研究

数学的这门学问。有一些相关的著作问世，这方面的课程和普及也不断取得新的进展。

埃里克在 MIT 开了一门"几何折叠算法：连杆、折纸、多面体"(Geometric Folding Algorithms：Linkages，Origami，Polyhedra)课，课件都在 MIT 的公开课网站上，对于想深入了解折纸中的数学的读者来说，看看这些课件是最佳选择。

从折纸的研究和应用的情况来看，美国目前已经走在了日本的前面。但是日本的动向也值得人们注意。2015 年日本研发了一个可以飞行的千纸鹤"Lazurite Fly"，让日本的这个传统项目得以发扬光大。

美国数学会在其 2012 年月历上选用过一个青蛙折纸作品，是由朗博士创作的。前面提到朗博士有一个免费折纸软件 TreeMaker 供人们学习。日本人开发出了一个 Origamizer 软件，使用者可以在计算机上修改折痕。市场上也有手机版的折纸软件可供下载。很多近代折纸作品都需要经过全盘设计，下面是这个作品及其平面折痕图(如图 10.24)。

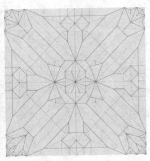

图 **10.24** 树蛙(Tree Frog)和树蛙折痕图/罗伯特·朗

美国有折纸俱乐部、年会、展览和比赛(如图 10.25～图 10.28)。

图 **10.25**　2012 年在一次折纸展览大厅里的千纸鹤 /作者

图 **10.26**　2013 年在旧金山举行的一次折纸活动 /作者

图 **10.27**　鹤立方(Crane Cube)及和平球面(Peace Sphere)/三原

图 **10.28**　穿山甲/乔赛尔

　　下面是 Oliver 的部分作品(如图 10.29)。他折叠出了栩栩如生的青蛙,还让它跳跃在彩色的叶子间。他把这个作品命名为青蛙与树叶。他的兴趣也影响了他的父母。这个新郎牵着新娘上花轿的折纸作品就是他们一家通力合作的结果。他还有完全自创的作品,比如他自己命名、设计和折叠的"外星异物"。成功使他拥有了更多的自信,喜欢上具有挑战性的折纸,就连需要折叠二三百下才能完成的超难"神州龙"也不在话下。我们祝愿这位折纸大拿折出更多好作品,以飨观众,也希望有更多的朋友喜欢折纸这项美妙的艺术。

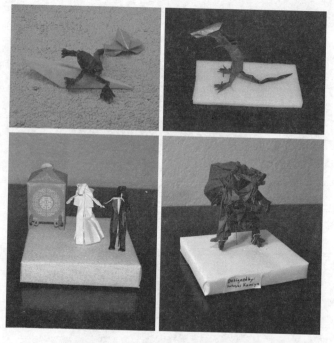

　　图 10. 29　青蛙与树叶,外星异物,新郎新娘,神州龙/作者

　　总之,折纸吸引了越来越多的人的参与,高难度的折纸已经

越来越需要数学的帮助。对于我们来讲，无论是专业折纸，还是业余玩票，懂得一些折纸中的数学原理对折纸技艺的提高将大有裨益。折纸里除了有数学，还有许多趣事，比如，美国罗切斯特大学录取一名中国学生并提供近 30 万元人民币奖学金就是缘于他的折纸爱好，通知书折成纸飞机。美籍华人刘宇昆写了一篇感人的短篇小说"手中纸，心中爱"，一举夺得星云奖和雨果奖的最佳短篇故事奖，成为第一位同时获得这两项世界科幻小说大奖的华裔作家。他们用折纸折出了精彩的人生，折出了可喜的未来，折出了对生活满满的激情和热爱。

最后回到本章纸张的对折问题，我们再以两道与折纸有关的数学题来结束本章：

题 小李将一张 8 cm×10 cm 的纸反复对折，而且已折叠的部分不再打开，直到折成的纸块儿是 1 cm×2.5 cm（如图 10.30）。请问他一共折叠了多少次？

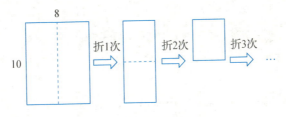

图 **10.30**　纸张对折示意图/作者

题 一张边长为 8 英寸[①]的正方形纸沿对角线对折成三角形，然后三角形的直角折到斜边的中点处（如图 10.31）。请问所成的梯形的面积是多少？

———————————

① 英制单位。1 英寸≈0.025 4 m。

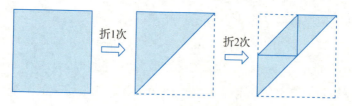

图 **10.31**   纸张折叠示意图/作者

参考文献

1. Britney's Folding Record Still Holds. http：// pomonahistorical. org/12times. htm.

2. Brad Petrishen. Southborough Students' Paper-folding Feat Change，Daily News，2011-12-12.

3. Britney Gallivan. How to Fold Paper in Half Twelve Times：An 'Impossible Challenge' Solved and Explained，Historical Society of Pomona Valley，2002.

4. 木遥. 关于折纸的若干事. 数学文化. 2011，2(4)：34-36.

5. 罗伯特·朗个人网站. http：// www. langorigami. com.

6. 埃里克·德尔曼个人网站. http：// erikdemaine. org.

7. 美国数学会 2012 年月历.

8. Erik Demaine. Folding and Unfolding，Ph. D. thesis，University of Water-loo，2001.

9. The Mind-Bending Artistry of Robert Lang，斯坦福大学校友会杂志，2011 年 5/6 月刊.

10. Origami：A Blend of Sculpture and Mathematics，史密森尼学会杂志，2013 年 1 月刊.

11. Kim Krieger. 折叠未来：从折纸到工程，美国数学协会网页.

12. Erik Demaine，etc.（Non)existence of Pleated Folds：How Paper Folds Be-

tween Creases.

13. Evan Ackerman. Robots Get Flexible and Torqued Up with Origami Wheels，IEEE Spectrum，2014 年 6 月 16 日.

14. Rhett Allain. Folding Paper with Computational Tools，Wired Science Blogs，2012 年 8 月 10 日.

15. Matrix67. 漫话折纸几何学. http://www.matrix67.com/blog/archives/4169.

第十一章 终身未婚的数学家

　　中国人讲究"修身、齐家、治国、平天下""男大当婚女大当嫁""成家立业"。似乎都把成家放在立业的前面，家是休憩的港湾，是稳固的大后方，好像有家才能安身立命。而西方很多数学家却与此背道而驰，比如希帕蒂娅、爱米·诺特、英年早逝的数学家伽罗瓦和阿贝尔、微积分的创立者牛顿和莱布尼茨、柏拉图、笛卡儿、帕斯卡、达朗贝尔、傅里叶、热尔曼、西尔维斯特、戴德金、切比雪夫、哈代、李特尔伍德和埃尔特希。

　　他们不但没有先成家后立业而且终身未婚。那么促使这些数学家独居终老的原因是什么呢？这些数学家为什么不走寻常路？为什么对于人世间最美丽的爱情敬而远之？为什么甘愿孤寡一生？都是我们疑惑的。俗话说女人通过征服男人征服世界，而男人通过征服世界征服女人，这些数学家为什么只追求征服世界而没有去征服女人呢？是因性格孤僻、孤芳自赏，还是要为数学和科学事业奉献终身呢？是时代的因素还是人性的个案呢？

　　带着这些疑问和好奇，翻开这些数学家成长的足迹，期许能够发现一些端倪。

　　竟然发现一个奇妙的现象，这些数学家不娶不嫁，不仅仅是为了事业，还为了更为崇高的爱情。这是为什么呢？让我们来看看一些伟大学者醍醐灌顶的精辟论断吧。

　　英国哲学家培根曾经说过：最好的作品，最伟大的情操肯定出自未婚的或没有子女的男性。

德国诗人和自然科学家歌德说：爱情是理想，婚姻是现实，混淆理想和现实，难免遭到惩罚。

单身的美国文学之父欧文说：对已婚男人来说，浪漫爱情的芬芳会在婚后消散；对单身汉来说，爱情可能沉睡，但永远不会消亡。

另外，英国人一贯主张：单身汉比已婚男人更懂女人，否则他们早就结婚了。

由此看来，这些单身的人士似乎是对爱情有更高的信仰和追求，追求一种纯粹的永不凋零的爱情之花，而这朵花大多时候生长在心上。

不妨看一些个案，也许我们还会发现点什么。尽管在 20 多岁时，希帕蒂娅（如图 11.1）的求婚者就络绎不绝，但她要干一番大事业，不想让爱情过早地进入自己的生活，因此拒绝了所有的求婚者。后来被一群听命于主教西里尔的基督暴徒残酷杀害，爱情之花尚未绽放便不幸辞世，不能不说是一种遗憾。伽罗瓦（如图 11.1）因爱情决斗而身亡，一代天才殒殁在爱情的狼烟中，他是追求爱情的，并且为了追求爱情而去。帕斯卡（如图 11.1）39 岁时病逝，一生没有恋爱。

挪威的数学家阿贝尔一生坎坷，去世后获得各项殊荣，却没有品尝婚姻的甜蜜。据说，阿贝尔曾有一位未婚妻肯普，两人在 1823 年认识后即坠入爱河，感情甚笃，即便在阿贝尔患病期间，肯普也不离不弃，一直陪伴和悉心照料阿贝尔，只可惜阿贝尔贫困潦倒、疾病缠身，无法给予肯普一个圆满的婚姻。不过，阿贝尔还是力所能及地为肯普做了打算，他生前写信给他的朋友凯尔豪，委托他照顾肯普。凯尔豪在阿贝尔去世后，遂写信给肯普，申明虽与她从未谋面，但从与阿贝尔的信件和交谈中已对她十分了解，请求肯普做他的妻子，肯普最终答应了凯尔豪的求婚，两人成了一对神仙眷侣。

希帕蒂娅　　　　　伽罗瓦　　　　　帕斯卡

图 11.1　3 位数学家/维基百科

这几位早逝的数学家未婚我们还好理解，可是有的数学家很长寿，却没有结婚，实在令人觉得蹊跷，比如被数学史家贝尔赞誉为有史以来最伟大的 3 位数学家之一的英国科学家牛顿（如图11.2），虽然也有过对爱情的渴望，但最终还是因为更加醉心于科学事业而与婚姻失之交臂，也许对于牛顿而言，科学事业就是他钟爱一生的爱人吧。

牛顿有两次恋爱经历被传为美谈。第一次是牛顿在剑桥大学求学期间，因为瘟疫蔓延，学校被迫放假，因此牛顿暂停学业回到家乡住在舅父家中，正值 23 岁青春年华的牛顿与表妹一见钟情。牛顿喜欢表妹的美丽、聪颖、好学和富有思想，表妹则喜欢牛顿的渊博和远见卓识。两人经常一起散步，牛顿即兴地长篇大论他的学习和研究工作，表妹即便听不懂也表现出很大的耐心，饶有兴味地聆听。牛顿心里暗喜："这个可爱的女子认为我的所思

图 **11.2** 牛顿/维基百科

所讲非常有趣,一定是我本人很不错,而且她也一定是聪慧机敏的非凡女子。如果她能协助我一起解决工作中的困难,夫唱妇随、珠联璧合,何其美哉乐哉!"但想象中的美好却并不总是能在现实中兑现。由于牛顿生性腼腆,所以未能及时表达出自己的爱慕。又由于瘟疫结束后牛顿重回剑桥大学,没有重视自己的个人生活,全神贯注地沉浸于科学研究,遂把远方的表妹抛之九霄云外。表妹误以为牛顿对自己冷淡,遗憾地另嫁他人。这是牛顿因醉心于科学研究而丧失的第一次婚姻契机。

与第1次爱情擦肩而过之后,年轻的牛顿并没有停止蠢蠢欲动的青春勃发的心,时而也有对浪漫爱情的炽烈向往。有一次,青春的激情点燃了牛顿的爱情之火,牛顿轻轻地握着一位美丽姑娘的手,含情脉脉地注视着她,似乎将要有什么事情发生,但在这千钧一发之际,他的心思却忽然飞跃到无穷小量的二项式定理。

他竟然如梦似幻般下意识地抓住姑娘的一个手指，当作通烟斗的通条，硬往烟斗里塞。姑娘痛得大叫，他才从二项式定理的梦中清醒。面对惊吓过度的姑娘，他连忙柔声地道歉："啊！亲爱的，饶恕我吧！我知道，我是不行了。看来，我是该打一辈子光棍！"宽容的姑娘饶恕了牛顿的无意之为，但却无法理解他为何如此醉心痴迷于科学，断然离开了牛顿。牛顿的第 2 次爱情就这样被扼杀于襁褓，幻化成泡影。

此后牛顿再没有萌动火热的爱情。我们说，心用在哪里，成果就会在哪里。他痴迷于科学研究，不断发现新的问题，乐享其中，连做梦都是宇宙、世界。往往顾不上打领带结、系好鞋带和扣好马裤就走进大学餐厅。牛顿把他旺盛的生命毫无保留地奉献给了科学事业，把科学当作了为之倾心和相守一生的爱人。据心理学的分析，很多成年的问题都可以从年少时找到答案，也许牛顿少年时代在一首诗里表白的远大抱负就注定了他终身未婚的命运吧：

世俗的冠冕啊，我鄙视它如同脚下的尘土，

它是沉重的，而最佳也只是一场空虚；

可是现在我愉快地欢迎荆棘冠冕，

尽管刺得人痛，但味道主要是甜；

我看见光荣之冠在我的面前呈现，

它充满幸福，永恒无边。

与牛顿几乎同时发明微积分的德国数学家莱布尼茨（如图 11.3)同样终身未婚。他们两人的微积分优先权之争被称为科学史上最不幸的一章，英国数学家因固守牛顿的传统而严重阻碍了英国的数学和科学进展。争论一度白热化，但是这两位数学巨匠本人却没有针锋相对，他们都在不同的场合彼此赞誉过对方。我们不该把他们看成敌人或者对手，而应该把他们看成惺惺相惜心灵相通的知音或朋友。他们共同发明微积分，他们又同样终身未婚，难道只是历史的巧合吗？研究莱布尼茨的欧洲学者说："莱布尼茨从未结过婚，50岁时他曾考虑结婚。但他的心上人要求给她一点时间再想一想，这也给了莱布尼茨一点时间再想一想。所以他从未结过婚。"

图 **11.3**　莱布尼茨/维基百科

而达朗贝尔（如图 11.4）虽然也终身未婚，但有一位患难与共、生死相依的朋友，即沙龙主人勒皮纳斯。傅里叶（如图 11.4）也有一个最亲密的女性朋友，就是第一位女应用数学家热尔曼。值得一提的是，热尔曼就是在傅里叶的帮助下参加巴黎科学院的会议，成为第一位非参会成员的妻子而与会的女性。他们虽未婚但有一位红颜知己也算是幸运。热尔曼也没有成婚，孤独终老。

图 11.4   达朗贝尔与傅里叶 /维基百科

有人可能会说，十七八世纪的西方，在大学里做教授被要求必须像牧师那样独身，所以造成了有些数学家未婚的现象。但对于西尔维斯特、戴德金、切比雪夫、爱米·诺特、哈代、李特尔伍德、埃尔特希这些生活于 19～20 世纪的未婚数学家又怎样做出解释呢？

切比雪夫有一个富有同情心的表姐，当其余的孩子在庄园嬉戏之时，表姐教他唱歌、读法文和做算术。一直到临终，切比雪夫都把这位表姐的相片珍藏在身边。可见他是喜欢女人的，但为何没有走进婚姻的神圣殿堂呢？哈代一直受同样未婚的妹妹精心照顾一生，难道未婚具有某种传染性吗？

我们在第 2 册第三章"用数学方程创作艺术"里介绍过笛卡儿

的故事。

日本有人专门研究过 280 位大科学家的生平，发现他们事业高峰都在二三十岁，30 岁以后，事业螺旋式下降。更为有趣的发现是，大多已婚科学家的创造力枯竭得很快，而单身科学家却能将高效的创造力保持到五六十岁。由此看来，婚姻可以消耗男人的精力，使男人变得迟钝。已婚的科学家是不是该着急了呢？大可不必，这也许只是一种臆测、笑谈或者巧合。君不见还有那么多家庭事业双丰收的科学家吗？比如欧拉就非常喜爱孩子，喜爱家庭生活。一生育有 13 个子女，在做科学研究的时候，经常子女绕膝。有人说读读欧拉，他是所有人的老师。可能和他喜爱生活、热爱音乐有很大关系吧。

谨以此文抛砖引玉，至于爱米·诺特、柏拉图、帕斯卡、达朗贝尔、西尔维斯特、戴德金、切比雪夫、哈代、李特尔伍德和埃尔特希这些数学家为什么终身未婚，有兴趣的读者可以补充和继续探究。

现在有一个问题： **题** 已知某社团中有 n 位女士和 n 位男士，假定每位女士按照其对每位男士作为配偶的偏爱程度来排名次，无并列情况出现，即每位女士对这些男士的排列可以看作一个与自然数对应的序列 1，2，…，n。类似地，男士也对女士进行这种排序。所以，在这个社团里配对成完备婚姻的方式有 $n!$ 种。假定某种婚姻匹配中存在女士 A 和 B，男士 a 和 b，且满足下列条件：

(1)A 和 a 已结婚；

(2)B 和 b 已结婚；

(3)A 更偏爱 b 而非 a(名次优先)；

(4)b 更偏爱 A 而非 B。

那么，该完备婚姻是不稳定的，因为在这种条件下，A 和 b 可能会背着妻子跟别人私奔。相反，如果完备婚姻不是不稳定的，那么称其为稳定的完备婚姻。

问题 1   对社团内的所有成员来讲，请问是否存在稳定的完备婚姻？

问题 2   如果存在的话，请问该如何找到一个稳定的完备婚姻？

对于这两个问题，答案是肯定的，亦即存在一个稳定的完备婚姻策略，至于如何得到这个完备的稳定婚姻要依靠一种 Gale-Shapley 算法。

参考文献

1. 吴文俊，主编. 世界著名数学家传记（上、下集）. 北京：科学出版社，1997.

2. 李文林. 数学史概论（第三版）. 北京：高等教育出版社，2011.

3. Amanda Swift，Sophie Germain. Agnes Scott College，1995. http：// www. agnesscott. edu/Lriddle/WOMEN/germain. htm.

4. 邓明立. 阿贝尔——英年早逝的数学奇才. 数学文化. 2014，5（3）：15-27.

第十二章　墓碑上的数学恋歌

　　这是"尖刺数学(Spiked Math)"在 2013 年 1 月 21 日贴出的一张与墓碑有关的漫画(如图 12.1)。漫画上的主人公是美国斯坦福大学的计算机程序设计艺术名誉教授克努特,其中文名字为高德纳。我们在第四章"数学对设计 C++语言里标准模板库的影响"中提到他的一部分工作,另外在第 1 册第七章"漫画和数学漫画"中更多地介绍了数学漫画。如果大家看到这张漫画有所悲伤,那敬请节哀,因为这只是一个幽默,实际上高德纳仍然与我们同在。

Spikedmath. com:尖刺数学网站;

Q. E. D.:拉丁语 quod erat demonstrandum 的缩写,意为"这被证明了",现在是证明完毕的符号;

Donald Knuth:克努特(人名);

Overfull \ hbox(badness 10000):一种程序语言,表示这一行太长了。

图 **12. 1**　克努特的墓碑会是什么/尖刺漫画

生活中，真实的墓碑各种各样，作为纪念逝者的标志物，散发着一种威严和肃穆，其中名人的墓碑则为更多的人瞻仰和膜拜，有的逸趣、有的哲理、有的诗意，展示着逝者的情怀和风貌。美国作家海明威的墓志铭为"恕我不起来了"，幽默风趣，令人忍俊不禁。他与别人选择在自己的墓志铭上镌刻一生的成就不同，选择了诙谐幽默，选择了与来看望他的人之间的礼貌应答。一位名叫汤姆斯的钟表匠的墓志铭为"这儿躺着钟表匠汤姆斯，他将回到造物者手中，彻底清洗修复后，上好发条，行走在另一个世界"，将他的成就以一种诗意和哲理的方式展现给世人。

现在，我们感兴趣的是，数学家的墓志铭是怎样的呢？我们说但凡成人成名的数学家，一般都是痴迷数学的，不管是去世前的遗托，还是后人专门瞻仰纪念，墓志铭似乎成了将数学家的灵魂化为永恒的一种方式。

1. 最古老的墓碑

最古老的，也是流传最广的数学墓志铭，应该是古希腊代数学家丢番图的墓志铭。可以说他在以几何为中心的古希腊数学家中独树一帜，与韦达一起被誉为近代代数学之父。因其对不定方程的贡献，现在将只考虑整数解的整系数不定方程称为丢番图方程。他的墓志铭就用一首隐喻其年龄的数学诗歌来纪念他的这一成就。墓志铭大意如下："坟中安葬着丢番图，多么令人惊讶，它忠实地记录了所经历的道路。上帝给予的童年占六分之一，又过了十二分之一，两颊长胡，再过七分之一，点燃起结婚的蜡烛。五年之后天赐贵子，可怜迟到的宁馨儿，享年仅及其父之半，便进入冰冷的墓。悲伤只有用数论的研究去弥补，又过了四年，他也走完了人生的旅途。终于告别数学，离开了人世。"运用丢番图的不定方程方法可以推测他活了 84 岁，即便在现代也算是长寿了。

　　另一位古希腊数学家阿基米德是应用数学家，又被誉为力学之父，运用平衡法解决力学问题，是微积分的先驱。数学史家贝尔曾说有史以来最伟大的三位数学家是阿基米德、牛顿和高斯，并且首推阿基米德。但是因为阿基米德著作的流传没有欧几里得的著作流传广泛，所以人们对其在数学上的认知要少一些。公元前 212 年，古罗马军队攻陷叙拉古，阿基米德正在聚精会神研究数学问题，面对凶蛮的罗马士兵的屠刀，他平静地说："再给我点儿时间，让我把它证完。"但是罗马的士兵还是无情地举起了屠刀。数学超越了生命。阿基米德的遗体葬在西西里岛，墓碑上刻着他的成就，即球内切于圆柱的图形，且圆柱体与其内切球的体积比和表面积比都是 3∶2（如图 12.2 和图 12.3）。

图 **12.2**　西塞罗发现阿基米德之墓/维基百科

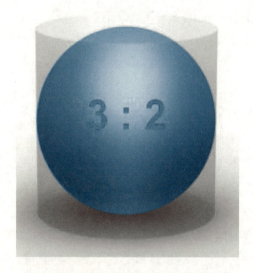

图 12.3　球内切于圆柱的图形 /维基百科

2. 闹出乌龙的墓碑

　　十六七世纪的数学家非常热衷于研究曲线，发现了许多新的曲线并以自己的名字命名。雅各布·伯努利在笛卡儿发现的对数螺线的基础上，1683 年重新对其进行研究，发现其经过各种适当的变换后仍然是对数螺线。他十分惊叹和欣赏这曲线的特性，要求去世后将其刻在自己的墓碑上，并附词"纵使改变，依然故我"，用以象征死后永垂不朽。可惜雕刻家误将阿基米德螺线刻了上去，闹出了乌龙（如图 12.4 和图 12.5）。

图 12.4 雅各布·伯努利的墓碑/维基百科

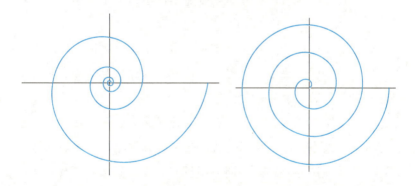

图 12.5 对数螺线和阿基米德螺线/维基百科

题 请读者考虑：什么是阿基米德螺线？什么是对数螺线？比较一下这两种曲线，为什么伯努利会那么喜欢对数螺线。

3. 镌刻 π 值的墓碑

　　我们知道最早算出 π 小数后 7 位准确值的是中国数学家祖冲之，其实最先得出 π≈3.14 的是阿基米德，最先给出 π 小数后面 4 位准确值的是希腊人托勒密。鲁道夫·范·科伊伦花费毕生精力，1609 年运用阿基米德的割圆法，用 2 的 62 次方边形，将圆周率计算到小数点后第 35 位，后人称为鲁道夫数，是当时世界上最精确的圆周率数值。后人在其墓碑上镌刻了其

　　　　下限值 3.14159265358979323846264338327950288

　　　　和上限值 3.14159265358979323846264338327950289

来纪念其成就（如图 12.6）。

　　另一位在圆周率计算方面颇有造诣的英国数学家山克斯，耗费 15 年光阴，1874 年，终于把圆周率精确到小数点后 707 位，并将其作为一生的荣誉刻在了墓碑上。但可惜的是，后人发现他从第 528 位开始就出错了，使得墓志铭有所瑕疵，但这样真实的记载也帮助了我们还原历史的原貌。

　　1882 年，林德曼证明了 π 是一个超越数，这使得两千多年悬而未决的化圆为方问题得以解决。化圆为方问题是古希腊人提出的三大几何作图问题之一，即只用没有刻度的直尺和圆规，求作一个正方形，使其面积等于已知圆的面积。林德曼证明 π 是一个超越数后，人们才知道化圆为方是不可能的。他的墓碑是方形上有一个圆，围绕着符号 π（surrounding the symbol pi）（如图 12.7 和图 12.8）。

　　我们在第 2 册第四章"说说圆周率 π"中介绍了更多关于 π 的故事。

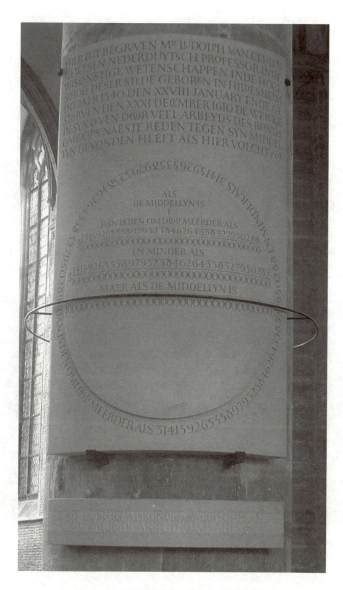

图 **12.6** 科伊伦墓碑上的刻文/维基百科

图 **12.7**　林德曼的墓碑/Monuments on Mathematicians

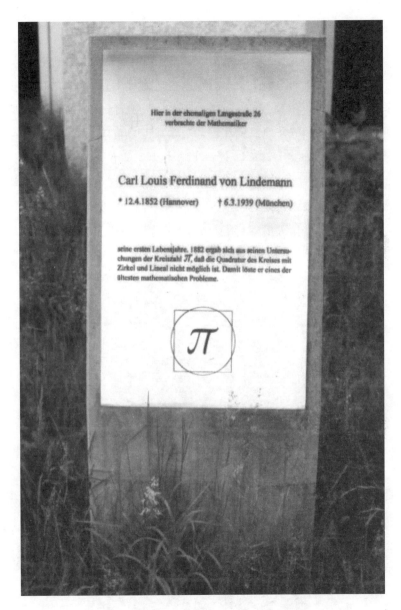

Hier in der ehemaligen Längestraße 26
verbrachte der Mathematiker

Carl Louis Ferdinand von Lindemann

* 12.4.1852 (Hannover)　　† 6.3.1939 (München)

seine ersten Lebenjahre. 1882 ergab sich aus seinen Untersu-
chungen der Kreiszahl π, daß die Quadratur des Kreises mit
Zirkel und Lineal nicht möglich ist. Damit löste er eines der
ältesten mathematischen Probleme.

图 12.8　林德曼的纪念碑 /Monuments on Mathematicians

4. 一对师徒的墓碑

牛顿的朋友和对手莱布尼茨，曾这样评价牛顿："综观有史以
来的全部数学，牛顿做了一多半的工作。"这是何等高的评价！即
便如此，与牛顿的其他成就相比，数学成就也可能只是屈居次位，
因为牛顿的墓志铭上这样写道：牛顿爵士安葬在这里，他以超乎
常人的智力第一个证明了行星的运动与形状、彗星的轨道与海洋
的潮汐。他孜孜不倦地研究光线的各种不同的折射角、颜色所产
生的种种性质。让人类欢呼曾经存在过这样一位伟大的人类之光
（如图 12.9）。

图 **12.9**   牛顿在威斯敏斯特教堂的墓碑/维基百科

　　学过微积分的人对麦克劳林级数一定不陌生，它是 18 世纪英国最具有影响的数学家之一麦克劳林的成就。麦克劳林是一位神童，11 岁进入大学，19 岁就成了阿伯丁大学的数学教授。他在 1719 年访问伦敦时见到了偶像牛顿，从此成为了牛顿的学生，并追随其一生，就连他的墓碑上也镌刻着："承蒙牛顿推荐"（如图 12.10）。可见他对牛顿对他的栽培没齿不忘。牛顿若地下有知，也会很欣慰吧！

图 **12.10** 爱丁堡 Greyfriars 教堂中麦克劳林的墓碑/维基百科

5. 事与愿违的墓碑

数学王子高斯 18 岁时发现用代数方法给出正十七边形的尺规作图方法，给出了可用尺规作图的正多边形的条件，解决了这一两千年来的难题。在他的众多贡献中，这是非常重要的一项成就。古希腊人做出了等边三角形和正五边形，但从来没有做出其他素数边数的正多边形。给一个单位长的线段，高斯知道可以做出任何整数长度的线段，也可以做出两个线段的和、差、商，还可以做出一个线段的平方根。高斯用 17 次单位根证明

$$\cos\frac{360°}{17} = -\frac{1}{16} + \frac{1}{16}\sqrt{17} + \frac{1}{16}\sqrt{34 - 2\sqrt{17}} +$$

$$\frac{1}{8}\sqrt{17 + 3\sqrt{17} - \sqrt{34 - 2\sqrt{17}} - 2\sqrt{34 + 2\sqrt{17}}},$$

一旦做出了长度为 $\cos(360°/17)$ 的线段后，高斯就可以做出正十七边形了。

当他高兴地告诉他的老师凯斯特纳时，凯斯特纳不但不相信，还把他赶出门去，不过并未影响高斯投身数学的决心。高斯在哥廷根奥尔巴尼墓地有一个墓碑（如图 12.11）。据说，高斯本想在去世后，在他的墓碑上镌刻一个正十七边形，但雕刻家认为由于尺寸的限制，镌刻出来的正十七边形几乎无异于圆形，所以高斯的这个遗愿未能如愿。不过，他的家乡不伦瑞克的高斯纪念碑的基座上刻有一颗有十七个尖角的星星（如图 12.12），对他也算是一种告慰。

图 12. 11　高斯在哥廷根奥尔巴尼墓地的墓碑 /维基百科

图 12. 12　不伦瑞克高斯纪念碑底座上的十七角星 /维基百科

图 12.13 是一个正十七边形和它的外接圆的示意图。

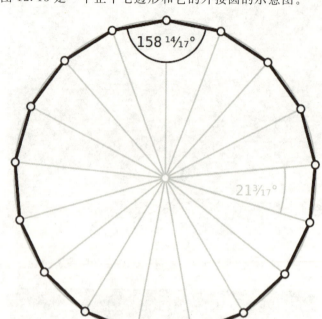

图 **12.13**　正十七边形 /维基百科

6. 业余数学家的墓碑

皮瑞格是一位业余数学家，其最突出的成果是做出了毕达哥拉斯定理的解剖证明（dissection proof）。可能是应他本人要求，在他去世后，这个证明被镌刻在其墓碑上（如图 12.14）。

皮瑞格的墓碑　　　　墓碑南面的图示　　　重画的墓碑南面的图示

/Plus Magazine

图 **12.14**

7. 两位中国数学家的墓碑

数学家喜欢黑板，这是其挥洒智慧的舞台。微分几何之父陈省身将对黑板的热爱推向极致。陈省身喜欢黑板，他生前多次表示，自己愿与夫人郑士宁合葬在南开校园，丧事从简，不要坟头，不立墓碑，墓前栽上几株小树，再挂一面黑板，供人演算数学。陈省身的外孙、建筑师朱俊杰依其遗愿，为他设计的墓地朴素简洁，"黑板"为墓碑，公式为墓志。"黑板"上以白字刻着陈省身当年证明高斯邦内公式的手迹，正是这项工作使他开创了数学的新时代(如图 12.15)。

另一位中国数学家陈景润，突破了哥德巴赫猜想的"1＋2"这一大关，又通过作家徐迟的报告文学《哥德巴赫猜想》，传遍了中国的各个角落，激励了一代又一代人。在北京万佛华侨陵园吉祥区仁惠园，有一座他的艺术墓，就是以他的数学成果"1＋2"为造

图 12.15　陈省身的墓碑/杨正领

型。灰红黑代表他在一层层不断向更深的领域攀登，1 与 2 重叠表示了和的关系，其中还蕴含着他的未竟事业就是 1＋1 的问题。这是在他即将 67 岁诞辰的时候落成的（如图 12.16）。

图 12.16　陈景润之墓

8. 引起一场争议的墓碑

无疑，数学家在墓碑上镌刻成就是一个值得称道的传统，但却有一个数学家因此引发了一场官司。壳数值分析师和数独爱好者(Shell numerical analyst and Sudoku enthusiast)罗宾逊 2012 年辞世后，其遗孀在其墓碑上刻上了数独谜题和方程"$x_n + y_i h$，$i = 1(1)q$"以为纪念(如图 12.17)。其中的方程取自他的博士论文，当时他把自己的博士论文献给了太太。但是令人奇怪的是，2013 年 10 月据 BBC 报道，切斯特(Chester)附近的范登教区委员会(Farndon Parish Council)说墓碑违反了圣查德教堂(St Chad's church)的墓地规定，要求将数独和方程移除。在我们看来，在墓碑上镌刻主人成就并无不妥，而且能够传播数学，更具文化价值。教堂的此番举动实在令人匪夷所思，因为在同一个墓地里人们看到墓碑上有动物形象和足球标志等。好在教区委员会后来改变了其错误的决定，从而将墓碑上的数独谜题和方程予以保留。

图 12.17　罗宾逊的墓碑/每日邮报

题 对数独有兴趣的读者可以试着做一下罗宾逊墓碑上的数独（如图 12.18）。题目如下：

5	3			7				
6			1	9	5			
	9	8					6	
8				6				3
4			8		3			1
7				2				6
	6					2	8	
			4	1	9			5
				8			7	9

图 **12.18**　罗宾逊墓碑上的数独 /作者

顺便再给一个不知名人士的墓碑（如图 12.19），请读者 题 判断一下这是一道什么数学题：

图 **12.19**　不知名人士的墓碑 /imgur. com

答案的线索可以在第 2 册第十一章"万圣节时说点与鬼神有关的数学"和第 1 册第二章"路牌上的数学、计算游戏 Numenko 和幻方"里找到。

9. 三位数学物理学家的墓碑

奥地利物理学家、哲学家和数学家玻尔兹曼发展了通过原子的原子量、电荷量、结构等性质来解释和预测物质的黏性、热传导和扩散等物理性质的统计力学，并且从统计意义上对热力学第二定律进行了阐释。他在分子运动论中发现了熵和微观状态的概率分布的对数关系，提出了著名的玻尔兹曼熵公式，这个公式被刻在了他的墓碑上（如图 12.20）。

图 12.20 玻尔兹曼的墓碑/维基百科

　　德国犹太数学家和物理学家玻恩，曾经跟菲利克斯·克莱因和闵可夫斯基学习数学。他创立了量子力学，对量子力学的基础性研究尤其是对波函数的统计学诠释，使得他与博特共同获得了1954年的诺贝尔物理学奖。哥廷根有他的一座墓碑，上面刻有不确定性原理，就是因为他曾对不确定性原理给出了严格的数学基础（如图 12.21）。

图 12.21　玻恩的墓碑/维基百科

　　英国数学家和物理学家狄拉克是量子力学的奠基人之一，是量子力学中的基本方程——薛定谔方程和狄拉克方程的发现者，并因此在 1933 年荣获诺贝尔物理学奖。他与牛顿一样都同时是数学家和物理学家，而且都曾任剑桥大学卢卡斯数学教授，更为巧合的是，狄拉克在威斯敏斯特教堂的墓碑正好就安放在牛顿墓碑的旁边，其上除了刻有狄拉克的名字、生卒年和物理学家以外，还刻有优美的狄拉克方程。这块墓碑是 1995 年 11 月 13 日首次亮相的（如图 12.22）。

图 **12.22** 狄拉克在威斯敏斯特教堂的墓碑/维基百科

除此之外，代数不变量和代数几何的创始人之一，德国数学家克莱布什的墓碑上刻着"Mathematiker"。抽象域论的建立者，德国数学家斯坦尼兹的墓碑（如图 12.23）上则刻有"Professor für Mathematik"字样。他们两人的墓碑以这样的方式表明了其数学家的身份。全才数学家希尔伯特 1900 年在巴黎的国际数学家大会提出的 23 个问题，为 20 世纪的许多数学研究指出方向。他的墓志铭（如图 12.24）就是他在这个演讲中的一个金句："我们必须知道，我们必将知道"（Wir müssen wissen. Wir werden wissen.）。从他的话语中似乎可以感受到他对数学的强烈责任感和那份坚定的信心。20 世纪英国哲学家、数学家罗素的墓志铭则用拉丁文总结了他

图 12.23   斯坦尼兹的墓碑 / 维基百科

一生的成就。这座墓碑位于剑桥大学（如图 12.25），译成中文为：
"罗素伯爵三世，O.M. 本学院成员。擅长哲学、数学，著名的作
家和翻译家。另外，他对人类长期遭受着战争的苦难愤愤不平。
从青年到暮年，一直致力于维护和促进国际和平。因此，获奖无
数，举世瞩目。1970 年与世长辞，享年 98 岁。"

　　总之，这些大数学家们或者以其得意的成就，或者以其发自
肺腑的箴言镌刻在墓碑上，就仿佛谱写着一曲曲他们对数学的由
衷恋歌，吟唱着千古不老的美丽数学情怀和传说。再看看下面这
个墓碑（如图 12.26），上面写着：

　　He Loved Math. Oh，and his wife and kids too.

图 12.24 希尔伯特的墓碑/维基百科

题 请问大家会否对自己百年之后的墓碑萌生设想呢?

墓碑又仿佛是人生的一个终止符。数学家哈尔莫斯在墓碑的启发下创造了表示数学证明结束的符号,我们在第 2 册第十一章"万圣节时说点与鬼神有关的数学"中予以了介绍。

图 12.25　罗素的墓碑/伍德

图 12.26　他热爱数学/网络

参考文献

1. It doesn't add up! Family's anger after council orders them to remove 'offensive' sudoku headstone tribute to late father mathematician. http：// www. dailymail. co. uk/news/article-2465290/Familys-anger-council-orders-removal-sudoku-headstone-mathematician-Allan-Robinson. html.

2. Dave Richeson. What do you want on your tombstone?

3. http：// divisbyzero. com/2011/04/26/what-do-you-want-on-your-tombstone/.

4. What it is going to say on Knuth's tombstone-January 21，2013. http：// spikedmath. com/537. html.

5. 数学微故事 1：数学家的墓志铭 . http：// www. mysanco. cn/wenda/index. php? class＝discuss&action＝question _ item&questionid＝2607.

6. 蔡天新. 高斯：离群索居的王子. 数学文化. 2012, 3(3)3-12.

7. "数学王子"高斯成长经历. http：// www. math. ac. cn/Museum/3/3 _ 19/3 _ 19 _ 1001. htm.

8. Monuments on Mathematicians. http：// www. w-volk. de/museum/exposi. htm.

9. 著名数学家陈景润纪念馆. http：// photo. netor. com/photo/mem _ 2285. html.

10. 走近黑板：数学大师陈省身的安息之地. http：// news. xinhuanet. com/foto/2013－11/07/c _ 125665601. htm.

11. 徐传胜. 数学家的墓碑. http：// blog. sciencenet. cn/blog-542302-782276. html.

12. 柳渝. 漫谈"汉字"(5)－罗素的拉丁文墓志铭(二). http：// blog. sciencenet. cn/blog-2322490-868933. html.

13. Epitaph of Bertrand Russell. atheist. https：// photo. cementhorizon. com/ 2006/06spring/gene-kris-travels-06/gkt06-london-with-thomas/gkt06-cambridge/IMG _ 1215.

14. 陈关荣. 狄拉克和他的 δ 函数. 数学文化. 2015，6(1)：106-113.

第十三章　把数学写作当作语言艺术的一部分

写作是一门艺术，是人们运用文字符号等描述客观事物、抒发思想情感、传递脑力劳动的一个过程，具有创造性。在生活中，人们虽然对写作并不陌生，一般从幼儿园时期就开始接触写作，但若想写好却也不是一件易事。写作不仅需要一些知识、技巧等，同时也需要一些灵感。当我们沉浸在写作的快乐当中时，就会发现写作不但是一种表达方式，它同时能够提高我们的思维能力。培根曾经说过：阅读使人充实，写作使人准确。写作能力的提升能够使我们更准确无误并且细腻地表达出我们想要表达的内容。如此说来，写作的重要性就毋庸多言了。

写作分很多种。我们这里主要谈科技写作中的数学写作。国内近年出版了一部数学写作方面的著作，就是汤涛教授和丁玖教授合著的《数学之英文写作》（以下简称《写作》）。这本书图文并茂，厚达 298 页，是一本难得的好书，是以中文为母语的中外科技工作者的教科书级读物，亦是应该常备案边的工具书。

在这里，请允许我们做一个基本的假设：读者在撰写论文、书籍、报告和申请书等时，已经完全清楚写作的内容和对象，亦即已经满足哈尔莫斯的第 1 写作原则（即要想说好某件事，一定要有某事说）和第 2 写作原则（即当你决定写东西时，问问自己预期中的读者是谁）；可能最为担心的是，能否达到预想的正能量。正如这本书的作者指出："一个不争的事实是，虽然很多文章的学术

质量还可以，但是由于英语水平不足，经常遭到退稿。"请人帮助
润色文章是一个快速解决办法，在西方也有人使用，费用有时也
不低，但限于理解专业数学写作的职业写手凤毛麟角，很难达到
预期效果，而且这毕竟不是上策，也非长久之计，因此提高自身
写作水平势在必行。下面是美国一些中文学校的语文课本（如图
13.1）。

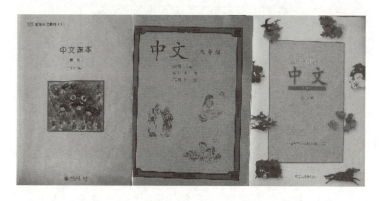

图 **13.1**　美国一些中文学校的语文课本／作者

英语里，语文课是"Language Arts"（如图 13.2），这样的表述
没有在"语文"这两个汉字里充分表现出来。这不能不说是汉语的
一个缺憾。一如作曲家创作一首乐曲和绘画家创作一幅油画，写
作同样是一种艺术，数学的写作亦不例外。这本书正是以此为基
点呈现给读者的，不仅引导读者如何把中文的数学结果译为美丽
的英文，而且告诉读者数学作品应该具有怎样的结构，如何才能
达到这样的结构。这是本书最成功之处。

在西方学校里，"Language Arts"课一般是从学生写读书报告
开始。第一次写读书报告，可能是老师布置学生们读同一本书，
分发给学生一篇带有许多空格的范文，学生只要根据书的内容把

图 **13.2**　美国"Language Arts"课本 /作者

空格填上即可大功告成。以后，学生就必须独立找书、写读书报告。杜甫诗言：读书破万卷，下笔如有神。西方对阅读要求很高，公共图书馆里有大量的儿童读物，到暑假里还会举行读书竞赛。平时，6 年级学生每天必须阅读 20 min 并记录所读图书及进展。所以孩子们就自然而然地接受了写作所必需的基本训练。《写作》里也特别强调了写读书报告和综述文章。这可以是学习英文写作的起点吧。

　　"Language Arts"课从小学就开始对学生进行严的训练。篇篇作文皆经几易其稿才最终成形。笔者对这一点印象极为深刻，因为我童年写作文从来都是交一遍作业就完成，不会再修改。老师讲课文也从来都是中心思想和段落大意。"Language Arts"课从第一次概述（outline）开始，学生们要在语法、句子结构、各个段落的写作、开篇结尾、动词副词形容词的使用上一点一点地打磨和锤炼。不但每一段话要有开场白（opening statement），而且每一句的开头（opener）也要细斟慢酌。老师会规定一些禁止使用的词汇

（banned words，如图 13.3），这当然不是我们平素说的敏感词，而是像"very""good"等过于平庸的词，以使文章更具生趣；一些形容词也只允许出现一次。网上有一篇文章：250 Ways to Say "Went"，虽是一个极端的例子（其他的例子还有："Stuff""Things"" Got""Was/Is/Are/Am"等），但却很能说明这个问题。

图 **13.3**　美国教室里贴的禁用词/作者

有兴趣的读者还可在"List of tired, boring words"里自我检验一下,有则改之,无则加勉。有些英语初学者常因词汇匮乏,只好反复运用这类修饰词,甚至有时在一句话里就频繁使用多次,令人烦腻和倒胃口。当然数学写作有其自身特性,有些词可能会有较高的出现需要,是不可避免的。比如数学论文里的"因为-所以"结构。如何用不同的词汇来表达相同的意思堪称一种挑战。中国学生可以边阅读边积累,在阅读英文时,可多留意行文优美的大数学家处理这类文字的方式,能够快速高效地领会语言的真谛。

《写作》很清楚中国学生的上述症候,用心把脉,专门诚意奉上了丰富的短语范例,相信学生读后会大大提升文辞质量。这在第二章里占了大部分篇幅。关于"因为-所以"顺便再提一句,我们有时候会用"∵"和"∴"来表示这个结构,但我们在英文里从来没有见过,英文中常常是直接用句子来表达,本书对这一点也强调过。有些人可能会误认为句子越复杂就越能显示出英文水平,事实并非如此,一句话里从句套从句会让读者疲累,西方人不喜此类结构,老师会要求学生在每一句话里都必须有状语修饰,但又不能超过一个从句。我在回忆蒋硕民先生的文章(见《数学文化》第 4 卷第 1 期)里也曾经提到过蒋先生为学生改从句的例子。有这个习惯的读者应该读一下本书"怎样修改文章"一章里的"删减字句"和"突出重点"两节。本书分别讨论了数学文章、书籍及其他文体的写作方法。数学写作的表现形式因数学本身的特点有很大约束,更具难度。也许有些人持有不同观点,认为数学的英文写作正因有所限制或者有固定的写作模式,更易模仿,比起其他的写作要容易得多。其实不然,若想在一定的限制下写出独特的风格可谓难上之难。本书特别指出,我们的作品在整体结构和各个细节上都要反复咀嚼，精益求精，在一次次推敲中提高写作水平。我们对这一点极其认同，好文章是改出来的，细微之处见功力，此言不虚。如果有共同作者的话，二者互动的效果会尤其明显。

本书对数学词句的应用提出了很多平时可能不易想到的注意事项，包括：新词和旧词的使用，作者自造的词汇，主动、被动语态的使用，连词的使用，定冠词和不定冠词的区分，数学证明中的语言表述，长句和短句，数学符号的运用等，通晓这些词汇和句式对于数学作品的美学效果至关重要。我读过之后有相见恨晚的感觉。记得自己以前就自创过名词，喜欢写长句，用被动结构等。从我们的阅读范围来看，国内的青年数学工作者在这些方面仍有不少困惑。本书里介绍了数本如何写好数学的英文书。如果读者结合这些书籍一起阅读本书会如虎添翼，更有收获。我们把这些书籍再汇集如下，也为自己提供一个方便：

- 《怎样写数学》(How to Write Mathematics)
- Handbook of Writing for the Mathematical Sciences
- A Primer of Mathematical Writing
- Scientific Writing，A Reader and Writer's Guide
- A Handbook of Public Speaking for Scientists & Engineers

本书提供了大量的实际翻译的例子，作者多年来能注意收集这么多的资料看来至少为写作本书做了不下 10 年的辛苦准备。读者应该认真比较中英文句子的异同，把其中精彩的翻译部分 highlight 出来，便于以后查找。通读全书，唯一让我不太习惯的是，本书没有使用不同的字体或对边来把它们与主体分开。当一个例子延续达几个段落时多多少少会使读者有所迷惑，不知哪些是例子，哪些已经回到正文。

　　我们认为，国内研究生在完成基本的英语课程后，应该继续上一门数学(或科技)英语写作的课，这本书就是一本合适的教科书。若果真如此，它的每一章结尾都不妨配备推荐阅读书目，增加一些练习题。虽然它已给出相当多的实例，但读者亲自动手做题和思考将有更深刻的体会。对那些在国内用英语开课的数学老师来说，本书应是"Prerequisite"。

　　它指出，"索引"(index)是西方书籍的一个环节，而且使用 LaTeX/TeX 可以很容易得到"索引"。但奇怪的是，它本身却没有"索引"。我在评论卢丁的《数学分析原理》中译本(《数学文化》第 1 卷第 2 期)时也曾指出中译本遗漏了原书的索引。其实，据我所知，当初译者已经把原书的索引译出，但不知为什么出版社在排版时却莫名地将其删去。这反映了中国出版业与国际脱轨的事实：国内没有把索引当作书籍的一个必不可少的部分。另外，西方人喜欢用缩写语。说"有限元方法"远不如说"FEM"容易，但计算数学领域之外的学者可能就不知道"FEM"是什么。虽然本书也提到了必须在第一次使用缩写时提供全称，但是缩写在后文出现时读者往往已忘记，特别是当读者是从中间开始阅读时更会有此困惑。索引可以解决这个麻烦。

　　美国数学联合会有一篇关于数学英文写作的练习"You Be the Editor"，我们把它搬过来练练手。下面的英语句子都至少有一个语法错误。请读者题把它们找出来。

　　1. If $x > 0$, then Euler proved in 1756 that . . .

2. Since this limit exists，then the series converges.

3. Obviously，every group G of prime order is simple.

4. Occurrences were observed in which . . .

5. The best one of those are in the book.

6. She is one of those who enjoys mathematics.

7. We will learn in the next chapter，how to solve it.

8. If $x > 1$ $f(x) < 0$.

9. Substituting (3) into (7)，the integral becomes$\pi^2/9$.

10. There are several methods that are applicable.

🔲下面的多项选择题中的每一项不一定是错误的，但其中有相对更好的：

1. A. Let us assume $A = \bigcup_{i=1}^{+\infty} (A_i \bigcap B)$

   B. Let us assume that it holds $A = \bigcup_{i=1}^{+\infty} (A_i \bigcap B)$.

   C. Let us assume
   $$A = \bigcup_{i=1}^{+\infty} (A_i \bigcap B)$$

   D. Let us assume that it holds
   $$A = \bigcup_{i=1}^{+\infty} (A_i \bigcap B)$$

2. A. f is defined by $f(x)=0$ $[x<0]$，$f(0)=1/2$，$f(x)=1$ $[x>0]$.

   B. Function$f$ is defined by $f(x)=0$ $[x<0]$，$f(0)=1/2$，$f(x)=1$ $[x>0]$.

   C. We set$f(x)=0$ for $x < 0$ and $f(x)=1$ for $x > 0$. We

take f(0) =1/2.

D. We set

$$f(x) = 0 \qquad \text{if } x < 0,$$

$$f(0) = 1/2,$$

$$f(x) = 1 \qquad \text{if } x > 0.$$

3. A. Theorem 1. If G is any Lie group，there exists a Lie group $\overline{G}$ that is the universal covering group of G.

  B. Theorem 1'. Every Lie group has a universal covering group.

4. A. Let v be a vector of length < 1 that is $v \in T_x M$.

  B. Let $v \in T_x M$ be a vector such that $|v| < 1$.

5. A. If x is a real number that is >2，then $x^2 + x$ must be >6.

  B. If x is a real number such that $x > 2$，then we must have $x^2 + x > 6$.

  C. If x is a real number greater than 2，then $x^2 + x$ must be greater than 6.

  D. The fact that x is nonzero $\Rightarrow x^2$ is positive.

写作是一门艺术，经营好这门艺术要从小抓起。 [Q] 如何把数学写作作为数学教育和语文教育的一部分是一个值得数学教育工作者研究的课题，国内已经开始有人在探索。我们认为写英文数学日记就不失为一个好办法（如图 13.4）。作为一个普通读者，如果你没有从小抓起，那就从这本优秀的参考书开始吧。它就像一片浩瀚曼妙的数学语言星空，相信一定会使读者采撷到满满的期待和意外的惊喜！

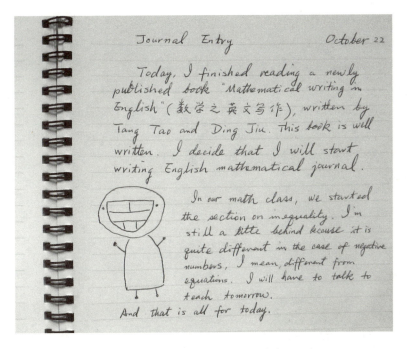

图 **13. 4**　一篇英文数学日记/作者

参考文献

1. 汤涛，丁玖 . 数学之英文写作 . 北京：高等教育出版社，2013.

2. Haynes Miller. Notes on Writing Mathematics，美国数学会网站，2007 年 8 月 .

3. L. Gillman. Writing Mathematics Well. AMS (1987).

4. N. J. Higham. Handbook of Writing for the Mathematical Sciences. SIAM (Philadelphia)，1993.

5. D. E. Knuth，T. Larrabee，P. M. Roberts. Mathematical Writing. MAA Notes，14，Washington (1989).

6. J. E. Littlewood. A Mathematician's Miscellany. (2nd Edition，Editor B.

Bollobas.) CUP (1986).

7. Dr Korner's Helpful Guide for Mathematicians Seeking a Cambridge Research Fellowship，https：//www. dpmms. cam. ac. uk/～twk/fellow. ps，April 1998.

8. John M. Lee. Some Remarks on Writing Mathematical Proofs，http：// www. math. washington. edu/～lee/Writing/writing－proofs. pdf.

9. Vicki Urquhart. Using Writing in Mathematics to Deepen Student Learning，Mid－continent Research for Education and Learning.

第十四章 推介数学家陶哲轩的数学博客

图 **14.1** 陶哲轩/维基百科①

  在我们知道的数学博客里，数学家陶哲轩(如图 14.1)的博客 What's new 是最好的。它好在其更新之勤快、内容之丰富和问答之及时。仅有这 3 个特点，恐怕还不能足以引起偌大的关注，贵在作为顶尖的数学家，他没有选择幽居世外，而是亲身在数学传

① 此作品由 John D. and Catherine T. MacArthur Foundation 提供授权。

播的花园里倾情播撒。

众所周知，陶哲轩是一位享誉世界的华裔澳籍大数学家，有数学界的莫扎特之称，一直以来都为人们所津津乐道。这不仅仅缘于他突出的数学成就，还在于他是一位刷新多项纪录的神童。5岁上小学，年仅 7 岁就进入高中的校门，9 岁入读大学，16 岁获得学士学位，17 岁获得硕士学位，21 岁获得普林斯顿大学的博士学位，24 岁成为加州大学洛杉矶分校有史以来最年轻的教授，并在此任教至今。

他频创佳绩、屡获殊荣，但不骄不躁、持之以恒。他 12 岁就获得国际奥林匹克数学竞赛的金牌，成为迄今为止最年轻的金牌得主。他在 2000 年获颁塞勒姆奖(Salem Prize)，2002 年获颁博谢纪念奖(Bocher Prize)，并且在 2003 年获颁克雷研究奖(Clay Research Award)，这些奖项都是为了表彰他对分析学的贡献，其中包括挂谷猜想(Kakeya conjecture)和 wave map。2005 年，他获得美国数学会的利瓦伊·科南特奖(Levi L. Conant Prize)、澳大利亚数学会奖(Australian Mathematical Society Medal)和奥斯特洛斯基奖(Ostrowski Prize)。2006 年，他获得印度拉马努金奖(SAS-TRA Ramanujan Prize)。同年，刚刚 31 岁的他还喜获有"数学诺贝尔奖"之称的菲尔兹奖(Fields Medal)并受邀在国际数学家大会作了 1 h 报告，是继 1982 年丘成桐之后获得此项殊荣的第 2 位华人，所获荣耀攀升到一个峰值。2007 年，他被选为澳大利亚 2007年名人(Australian of the Year)并获得麦克阿瑟奖(MacArthur Award)。2008 年，他获得美国奖励科学家的最高奖艾仑·沃特曼奖(Alan T. Waterman Award)。就这样一位拿奖拿到手软的大数学家能够辛勤地维持一个博客，使我们能近距离观摩和欣赏他思想的火花，并与之切磋和交流，无疑是我们广大网友的福祉和荣幸。

图 14.2　陶哲轩和埃尔特希/维基百科

　　陶哲轩的父母均毕业于香港大学，在陶哲轩出生前 3 年的 1972 年，全家才移民澳大利亚，按说陶哲轩只是二代华裔，似乎理应熟稔一些中文，但他除了能说一些广东话以外，并不会用中文来书写，我们心里未免有些失落和遗憾。有人留言希望他写中文，对这样强人所难的留言他都不予理睬。不是他桀骜不驯，因为如果有人正经跟他讨论学术问题，他的答复都很及时。北京师范大学的王昆扬先生在翻译《陶哲轩实分析》(如图 14.3)过程中就和他有过多次通信。陶哲轩表现得非常谦虚。

　　印象中陶哲轩是个阳光大男孩，但其实他大多表现得比较严肃。2014 年 11 月，他做客美国深夜档政治讽刺类节目《科尔伯特报告》(又名扣扣熊报告，The Colbert Report)时谈到"六素数"，英文是"sexy prime"，来自拉丁文中"6"的词根"sex"。主持人对这个词立即产生了兴趣。但陶哲轩毫不受影响，继续谈他的素数。随

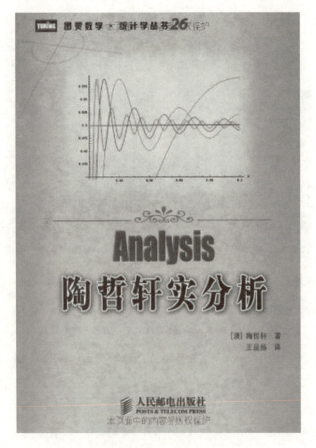

图 **14.3** 《陶哲轩实分析》封面 / 人民邮电出版社

后，他又马不停蹄地来到斯坦福大学与其他 4 位突破奖获得者一起参加了一个座谈会。他回答了几个很有意思的问题：数学是发明还是发现？外星人的数学会不会是一样的？数学发现会不会到头？ABC 猜想还没有证明，我们是不是应该预期找到新的例子的时间间隔越来越长？我们将来能不能期待所有的论文都可以用计算机来验证？数学家的集体智慧是不是在向前移动？100 年或者

1 000年后计算机会不会超过人脑？谁是最伟大的三位数学家？什么是数学研究中最有用的计算机工具？

陶哲轩的博客建在了 WordPress.com，这是一个很自然的选择，因为 WordPress.com 支持数学工作者常用的 LaTeX，写起数学表达式来特别方便。不过对于中国大陆的数学家和广大读者来说，可能看他的博客会时而遭遇麻烦，因为有时候，政府的长城防火墙会把 WordPress.com 整个封掉。从这个意义上说，如果陶哲轩能有一个独立博客就万事大吉了。

陶哲轩的博文精彩、丰富。虽然有的内容特别高深，比如新的研究结果、新的领域介绍、新的猜想、他的演讲等，并不是我们平常人所能看懂的。但也不乏很贴近和吸引大众的博文，比如：

- 帮助提高数学思维的游戏（Suggestions for games that promote mathematical thinking）；
- 用你自己的语言写作（Write in your own voice）；
- 陶哲轩的第 3 本博客图书（An epsilon of room：pages from year three of a mathematical blog）；
- 英语不可交换性的一个例子（A demonstration of the non-commutativity of the English language）；
- 如何在网页上写数学表达式的讨论（Displaying mathematics on the Web，Displaying maths online，II）；
- 应用驱动的化学元素表（Applications-oriented periodic table）；
- 对新网站"数学溢出"的介绍（Math Overflow）；
- 描写盖尔范德（Israel Gelfand）；
- 数学/统计博客和维基（Mathematics/Statistics blogs wiki

page）；

- 数学家需要对博客知道什么（What do mathematicians need to know about blogging? ）；
- 一个新的数学博客（New polymath blog，and comment ratings）；
- 谷歌的浪潮（Google Wave）；
- WordPress 对 LaTeX 的支持（WordPress LaTeX bug collection drive ）；
- 一个与飞机场有关的智力测验（An airport-inspired puzzle）；
- 更新 Java 小应用程序（Upgrading old Java applets），瞧大数学家对技术也很通；
- 在美国艺术和科学院上的演讲（A speech for the American Academy of Arts and Sciences），这篇应该翻译成中文。

另外他还有很多博文应该在我们的阅读之列，我们可以再举一二。其中一篇是"关于时间安排"（On time management），对于超忙的人具有参考价值，已被译为中文并在网上广传。他还特别针对职业数学家的数学恐惧症（及其远亲——数学势利眼）写了"不要害怕学习其他领域的知识"，也已有中文版。开卷有益，如果你觉得自己知识面过于狭窄，不妨一读。特别是他对"好的数学"亦有独到见解，并在博文"什么是好的数学"里进行了阐释。如果你将要做一次演讲，那么还可以参考他的"别把报告当论文"（Talks are not the same as papers）。

陶哲轩博客上的"友情链接"也非常丰富，这里就不再赘述。建议读者自己去点击一遍，相信一定会有收获，不会有荒废了时间之感。

　　由于陶哲轩蜚声海内外，故而他的博客影响力巨大。他经常发一些框架性的数学讨论，这对中国数学家应该会特别有帮助。因为总体而言，中国的数学界还缺少框架性的工作，大多是在做填补。通过陶哲轩的博客，我们可以看到大数学家的思维来路和理论框架是如何构建的。

图 **14.4**　陶哲轩在加州大学洛杉矶分校/维基百科①

　　2014 年 6 月 23 日，陶哲轩同唐纳森、孔采维奇、雅各卢里、理查德·泰勒一起获得第一届数学突破奖后，因为与他同年获得菲尔兹奖的佩雷尔曼以及在弱孪生素数猜想方面取得突破的华人数学家张益唐站在了这项大奖的门外，自然引发了一些比较、猜测和讨论。有人质疑佩雷尔曼、张益唐和陶哲轩中谁的质量大。如果说对某一个数学专题来说，可能佩雷尔曼的质量大，但从对

①　此作品由 John D. and Catherine T. MacArthur Foundation 提供授权。

整个数学的贡献来说，显然陶哲轩的质量是最大的。而设立数学突破奖的目的是促进数学的进步，就目前来说，这一点陶哲轩做得最好，获得这项大奖可谓实至名归（如图 14.5）。

图 **14.5**   陶哲轩获得 2006 年菲尔兹奖／澳大利亚数学会，考林

　　前面讲过，陶哲轩是奥数的胜出者。其实，他在 10 岁和 11 岁时还连续参加过两届国际奥林匹克数学竞赛，分获铜、银牌，所以他有对数学竞赛的切身体验和站在顶峰一览众山小的视野。他有一篇博文（Advice on mathematics competitions）恰恰就是专门谈数学竞赛的。他十分享受自己在高中时参加数学竞赛的经历。这就像参加体育比赛一样，数学竞赛能激起人们的激情。另外国际数学竞赛给参赛者提供国际旅行的机会，这也是难能可贵的。那么他做数学题都有什么经验呢？可以看他的经验之谈（Solving mathematical problems)。这些都在他的博客上。

图 **14.6**　2014 年 11 月 8 日，陶哲轩在"突破奖"发奖仪式上 /NASA

陶哲轩在 15 岁时还根据自己的经验写了一本书"*Solving Mathematical Problems：A Personal Perspective*"，国内已有中文版《解题·成长·快乐——陶哲轩教你学数学》。读这本书时，要特别注意他的思路。比如，他一开始给出的题目：

题一个三角形的三边长成等差数列（其中公差为 d），且三角形的面积为 t，求各边长和各内角。

先自己想一想怎么做这道题，再想一想与此相关联的还有什么问题，然后再去读他的书。你跟他的想法一样吗？

据说，下面一道题是陶哲轩儿子的作业题。陶哲轩花了15 min 做出了这道题，不知道读者能在多长时间内做出？

题 3 个农夫分别要卖 10 只、16 只和 26 只鸡。为避免价格战，大家商量每只鸡都以同价销售，结果一上午都未把鸡卖完。3 个人午餐时决定同步降价，下午终于完成任务，每人皆得 35 元。请问午饭前后鸡价分别是多少？

这道题有些难度。如果完全没有思路的话，可以先假定上午的定价是 3.75 元并假定三人上午都至少卖出一只鸡（为什么？）。一般情况下，会有两个数学上有意义的解，但其中一个不符合现金表示的要求。

参考文献

1. 张英伯. 发达国家数学英才教育的启示. 数学文化，2010，1(1)60-64.

2. T. Tao. What's New. http：// terrytao. wordpress. com.

3. T. Tao. Solving Mathematical Problems：A Personal Perspective，Oxford，2006.

4. T. Tao. There's more to mathematics than rigour and proofs. 转帖：http：// blog. sciencenet. cn/blog-420554－765782. html.

5. 陶哲轩. 解题·成长·快乐——陶哲轩教你学数学. 北京：北京大学出版社，2009.

6. 陶哲轩. 陶哲轩实分析. 北京：人民邮电出版社，2008.

第十五章　数学家杨同海的数学与人生

　　数学家杨同海(如图 15.1)是美国威斯康星大学的终身教授。如果你打开他在威斯康星大学的个人网页(http: // www. math. wisc. edu/thyang/),映入你的眼帘的除了他的联系信息外,是 3 个醒目的主题:数学教学和研究、慈善教育基金和人体器官捐献。可以说,这 3 个主题概括了他的整个成长过程。本章就以这 3 个主题为线索,告诉你一名优秀数学家的传奇人生。

图 15.1　杨同海博士/杨同海

1. 走向辉煌的数学生涯

杨同海的一生与数学是分不开的。从他的成长过程可以看到一条清晰的路线：一条步步高的路线。

杨同海于 1963 年出生在安徽省宁国市（如图 15.2）包梅村的一个农民家庭。尽管家境不是太好，但他的父母知道读书重要，坚持送孩子上学。那个时候正值"文化大革命"期间，学校的教育并不正规。小同海虽然对数的感觉很好，但受到的教育并不多。好在"文化大革命"在他将要上高中的时候结束了，他受到的教育也随之走上正轨。读高一的时候，正好赶上县里的数学竞赛，老师派他代表学校去比赛，他获得了第 1 名。他因此走出了献身数学的第 1 步，那是 1978 年。

图 **15.2**　安徽省宁国市是杨同海的家乡 /杨同海

到那年高考时，他因为优异的数学竞赛成绩而得到了以在校生的身份参加高考的机会。虽然小同海的数学成绩突出，但其他科目并未达到高中毕业的水平，因此，高考的总成绩被拉下来了，他只接到徽州师专（现名黄山学院）的录取通知书。这对一个从农村出来的孩子也是很不容易的。因为师范生可以免学费并给生活费，就这样，同海顺利地迈出了数学生涯的第 2 步，他成了一名少年大专生。

进入师专的第 1 年，小同海学得非常苦，因为他是跳级上来的，高二的课（比如解析几何等）都没有学过。他必须花更多的时间去预习，看看是否需要补课。这样他养成了自学的好习惯。后来的很多课程实际上他都是自学的。学完了之后，他还不满足，把一些本来在师专里不开设的后续课程也都自学了。两年的师专学习很快结束了。毕业后，他，一个年仅 17 岁的少年，被分配到安徽省旌德县板书初中当数学老师。1981 年他调到宁国市，到 1984 年他先后在两所初中教数学。工作的第 4 年，他决定考研究生。由于自己在师专学的数学知识比 4 年制大学少了很多，这种情况决定了他的第 3 步将必须是一大步。有一位从安徽师范大学毕业的同事把自己的数学书都送给了他。于是他一边教书，一边复习，实际上很多时候是自学。好在他已经养成了自学的好习惯，硬是把一大堆书本啃了一遍。研究生志愿报哪里呢？他对外面的情况知道得不多，就报了那位同事的母校：安徽师范大学。后来在考试的时候，他的数学分析和线性代数考得特别好，因为这两本教材一直跟随他。令人惊讶的是，他的综合考试的成绩也比一些大学毕业的考生考得好。要知道，他根本没有学过近世代数、实分析、泛函分析这些课程。1984 年，他顺利地考上了安徽师范大学数学系，成为一名硕士研究生，师从唐怀鼎教授学习抽象代数。回想起来，这一步走得艰难，但他最终坚持住了，而且，他的人生观在这时期也逐渐形成了。后来他创办教育基金，帮助宁国市的学童的举动就是在这段时间里打下的伏笔。这是后话。

在安徽师范大学刚过了一年，杨同海就在环论上取得了成绩，从 1986 年开始就接连发表论文，到毕业的时候他已经完成了七八篇论文。虽说他做出的不是什么世界难题，但对于一个只有大专学历的青年人已经很不容易了。毕业前一年，杨同海自己意识到有可能不能留在学校，因为他的导师带了两个研究生，而他的师兄比他优秀。他去找他的一位中学时的成老师求教。成老师正好已经调到中国科技大学工作了，建议他直接找著名数论专家冯克勤教授(时任中国科技大学数学系主任)去自我推荐。他带着自己的那些论文去了。冯先生又问了他一些专业问题，然后就说："你来中国科技大学吧。"杨同海谦虚地说他能进中国科技大学实际上是一个巧合，因为中国科技大学自己的毕业生都留不住，出国了，这样才给他一个机会。另外，他能进中国科技大学也是得到了很多人的帮助，有很多是朋友的朋友。原来，当中国科技大学要了他以后，安徽省教育厅表示决不能放人。杨同海只好去找关系。其实他能有什么关系呢，他的朋友只好再去找他们的熟人和熟人的熟人。杨同海家里是农民，他有时会带一些土特产作为见面礼，但这些帮助他的人都不收，而仍是尽力帮助他。他非常感激这些素不相识却热心帮助他的人。终于经过 8 个月的周旋，在 1987 年，他硕士毕业的那年，他到中国科技大学任助教，坚实地迈出了第 4 步：从省级大学跳到了全国著名学府中国科技大学。

到中国科技大学后他开始转换研究方向，跟随冯克勤、陆洪文两位教授学习数论。冯先生是一位特别开通的人，亲自给他在美国马里兰大学数学系的同行拉利·华盛顿教授写推荐信。杨同海因此顺利得到了马里兰大学数学系的录取和资助。但由于他没有大学成绩单，马里兰大学学校招生办就是不发录取通知书。这个时候，美国马里兰大学数学系华盛顿教授到中国访问。杨同海只好请华盛顿教授帮忙。经过一番周折，学校同意让他补一个大专成绩单，然后把录取通知书发给了他。一波刚平，一波又起。这时候中国刚刚经历过一场政治风波。政府收紧了出国留学政策。对他这样的自费留学生，公安局不但要有外国学校的资助证明，还要有经济担保和国外的存款。这对他来说等于把路全部堵死。他只好又去找华盛顿教授请求作经济担保。没想到华盛顿教授痛快地答应了。杨同海说，他当时不知道这对外国人来说，是一件很麻烦的事情，华盛顿教授真是太好了。还有一个存款的关卡怎么办？这时候正好有一位刚在英国获得博士学位的归国留学生到了中国科技大学。他请这位同事帮忙，保证在 3 个月后把钱全部还上。终于，他得到了公安局发的护照。虽然这时候早已过了美国秋季入学的时间，但马里兰大学数学系还是慷慨地把他的资助保留到春季。最后他破格于 1991 年春季进入了马里兰大学数学系。这次连他自己都没有想到，一步迈到了太平洋彼岸。回想起他的这段经历，他不无感慨："还是好人多啊！"

在马里兰大学，杨同海一年后就通过了研究生资格考试的笔试。又过半年后，他通过了口试。在口试中，洛尔里奇教授给了一个比较难的问题，建议他试着做。虽然没有成功，但他学到了很多东西。转入做研究的时候，杨同海先是跟着华盛顿教授学习，主攻数论。在马里兰大学，几位数论方面的教授之间的关系非常融洽，学生们可以自由选他们的课程，做他们的课题。于是杨同海就同时听这几位教授的课，做他们的题目。在听洛尔里奇教授的课时，杨同海解决了洛尔里奇教授在课堂上提出的一个问题，文章发在 *Duke* 数学杂志上(1996)。杨同海又听了库得拉教授开的专业课，跟他讨论问题，有些问题是库得拉一直在考虑的。库得拉有个很大的计划，他的猜想非常精细，每个都需要算清楚。于是他就开始指点杨同海做，他们每周至少讨论一次。这样杨同海和库得拉教授一起做了半年，就写出了博士论文。在这篇论文中，杨同海用"θ 提升"给出 Hecke L-函数中心值的一个公式。博士论文的一部分发表在著名的 *Crelle* 杂志上(1997)，另一部分发表在 *Compositio Math* 杂志上(1999)，还有一部分和 Rodriguez Villegas 合作，发表在 *Duke* 数学杂志(1999)上。在做博士论文答辩时，励建书教授提了一些建议，根据他的建议和指导，杨同海又做了一篇文章发表在美国数学会会刊(*Trans. AMS*)上(1998)。1995 年他被马里兰大学授予博士学位。正是由于他跟几位教授都有密切联系而且表现出色，他在毕业时得到了华盛顿教授、洛尔里奇教授和库得拉教授的高水平的推荐信，在找工作时就比较顺利。

获得博士学位以后，杨同海先后到普林斯顿高等研究院(1995～1996)做博士后，到密歇根大学数学系做博士后性质的 Hildebrandt 研究助理教授(1996～1998)，到哈佛大学做美国数学会资助的访问学者(AMS Centennial Fellow)(1999～2000)。这些学校都是世界著名的常青藤学府。他在数学探索的征途上实现了升华。1998 年他任纽约州立大学石溪分校的助理教授。2000 年他转到威斯康星大学麦迪逊分校做助理教授，3 年后获得了副教授称号(Tenured)，现在他已经是那里的正教授了。

在这期间，他继续在 Hecke 特征及中心 L-值方面和同行(如图

图 **15.3** 杨同海与同行 /杨同海

15.3)如米勒、曼弗雷德·斯托尔、希门尼斯-乌罗斯、基姆及马斯里等合作，取得了广泛的成果。比如他和米勒教授合作，证明了格罗斯的一个猜想，从而给出了一类椭圆曲线的 Mordell-Weil 秩（2000）。另一方面，他利用和数论专家亲身交流的机会，迅速把自己的研究方向扩展到多个分支上。

他和库得拉、拉普珀特在算术 Siegel-Weil 公式方面进行长期合作，证明了 Shimura 曲线上的算术 Siegel-Weil 公式和算术内积公式。作为应用，他们给出了著名的 Gross-Zagier 公式特别情况的新证明。这个结果作为一本书发表在 *Annals of Mathematics Studies Series* 里（2006）。最近，他和哈瓦德一起证明了一类 Hilbert 模曲面上的算术 Siegel-weil 公式。

他和布吕尼埃在自守格林函数的 CM 值方面进行长期合作。在 20 世纪 90 年代，博彻兹用"正则化 θ 提升"构造出一类特别的自守形式并用它证明了著名的魔群月光（Monstrous Moonshine）。随后博彻兹得到了菲尔兹奖。杨同海和布吕尼埃给出了这些自守形式在希尔伯特模曲面上的 CM 点上的值的显性公式。这是格罗斯和乍基亚的漂亮的奇异模（Singular Moduli）分解公式的非平凡推广。他用此公式及他自己的算术相交公式证明了一类 Colmez 猜想。他们的公式发表在 *Invent. Math* 上（2006）。博彻兹的想法可以推广用于构造 Shimura 族上的 Kudla 除子的自守格林函数。他和布吕尼埃用同类方法算出这些自守格林函数的 CM 值。重要的是，有意思的 L-函数的中心导数自然而然地出现了。这对研究 L-函数的中心导数非常有用。事实上，他们给出了一种全新的 Gross-Zagier 公式（一个变形）的证明。他们的结果发表在 *Invent. Math* 上（2009）。

他给出了用二次型表示一个数或 2×2 矩阵的局部稠密（local density）的具体公式。他采用的主要办法是用积分新算法克服分叉（ramification）上的困难。这个公式有很多用处，包括在算术 Siegel-weil 公式上的应用。

他证明了希尔伯特模曲面上算术 Hirzebruch-Zagier 除子核 CM cycles 的算术相交数公式。这是他和布吕尼埃早前提出的一个猜想。他用这个公式证明了科尔梅关于阿贝尔簇（Abel varieties）的 Faltings 高度猜想的一种非平凡情形。这个公式还用于证明劳特关于亏格为 2 的 CM 曲线的一个猜想。他和劳特最近将这个公式用到了亏格为 2 的 CM 曲线的密码上。

　　杨同海已经发表或已被接受发表的学术论文有 50 多篇，合著 2 本。他还主持编辑出版了庆祝库得拉教授 60 岁生日的论文集（由高等教育出版社与 International Press 于 2011 年 4 月出版）。他指导了 3 名博士后、5 名博士并正在指导 3 名博士生。

　　杨同海的成绩受到了全世界数论界的关注和肯定。作为访问学者（多于半个月）杨同海访问过的学府包括了德国波恩的马普数学研究所（多次）、美国加州大学伯克利分校的数学科学研究院（MSRI，2007 年春季研究教授）、英国剑桥大学牛顿数学研究所、加拿大多伦多大学数学系及中国台湾理论数学中心。他还应邀在世界许多大学和学术会议上做学术报告。自 2000 年以来经常回国在许多大学（如图 15.4）作学术交流和报告。近年来每年暑假都会访问中国科学院晨兴数学中心两个月以上，积极参加那里的学术

图 **15.4**　2007 年，杨同海在中国科学院数学研究所访问并做报告 /杨同海

活动。2010 年暑假开始杨同海同时访问晨兴数学中心和清华数学科学中心，积极参与两个中心的学术及教育活动。2007～2009 年他获得"杰出青年基金（B 类）"。他是 2012～2015 年清华数学科学中心千人计划短期访问教授。2012 年，杨同海与人合作出版了一本数学专著（如图 15.5）。在回国期间，他积极和同事合作组织各种学术活动。

图 **15.5**　杨同海的新的黄皮书/斯普林格出版社

2. 创办教育基金

谁都没有想到，杨同海在事业上正在发展的时候，一个人突然建立了一个非营利的慈善基金会"家乡教育基金会（HEF）"
（www. hometowneducation. org）。这要从 2000 年他回国探亲说
起。阔别 10 年的家乡变化之大令他惊讶不已，然而并非一切都
好。他在家乡听说有人为了孩子的读书去卖血，这件事深深地触
动了他。他想家乡的发展一年一个样，然而家乡里还有人的生存
处境如此艰难，一定要想办法帮帮他们，让这些家境困难的孩子
最起码读完高中，这样哪怕是将来打工也会多一些机会。他决定
在美国办一个基金会，为这些孩子们募捐。

图 15.6　杨同海与宁国市西津初中教师彭德宁一起走访困难学生家庭／杨同海

当然作为一名海外人士创办基金，杨同海必须得到国内的支
持。正好他在徽州师专的同学胡寄宁在宁国市教体局工作，他首
先就去找这个老同学。胡老师告诉他：在宁国，由于各种原因导
致家庭经济困难面临辍学的中小学生每年至少有 1 000 多人。他把
自己想办基金会的想法告诉老同学，"集必要的资金去帮助安徽省
宁国市的最贫困的孩子们读书"。本来杨同海只有资助学生上高中

的想法。但胡寄宁对他说，其实小学和初中也有很多的问题，最凄惨的一个例子就是：有一个孩子，父母一个懒，一个有智力缺陷，爷爷奶奶想管孩子上学又无能为力，实在可怜。于是他毫不犹豫地把考虑范围扩大到了全体中小学生。杨同海的想法立即得到了积极的响应。杨同海了解到，在美国有很多人希望捐款帮助中国的孩子们，但他们特别担心自己的捐款不被真正地用在孩子们的身上。要想确保他们能捐款，而且能持续地捐款，就必须确保一切捐款都捐在明处，用在明处。他们决定：

（1）亲自挑选符合资助的孩子，把他们的家庭情况公布出来，请捐款人自己选择受捐对象；

（2）所有的捐款全部公布到网上；

（3）要求所有接受一帮一捐款的孩子每年要给他们的资助人写信；

（4）基金会每年走访受捐人，确保捐款用在孩子的身上；

（5）所有基金会的工作人员都是尽义务，连基金会的基本运作费用都由杨同海一个人承担，以保证捐款全部用在助学上。

他们分头行动。2004 年，杨同海在美国注册了一个家乡教育基金会。胡寄宁在宁国市也准备注册一个相应的教育基金会，但发现在中国注册这样的教育基金会特别困难。他们只好退而求其次，成立了一个宁国市中美爱心教育发展促进会。胡寄宁与他的同事花了约 1 个月时间走遍了所有的高中、初中和中心小学及附近的所有村庄，也尽可能地到比较遥远的村庄去看望贫困学生。实在没时间去的地方他们也都打了电话请当地的朋友去走访。这样他们获得了第一手资料，然后整理出来发给杨同海。得到了需要资助的孩子们的名单后，杨同海把这些资料翻译成英文，在美国开始寻找捐款人。这个时候，杨同海的基金会在美国其实就只有一个人：他自己成立了基金会，建立了网站，确定需要帮助的学生名单，又四处拉捐款。在捐款人的名单里，你可以看到他的同学、他的导师、他的邻居、他的同事、他的孩子的同学和老师、他的朋友和朋友的朋友，以及更多的毫不相识的热心人。捐款人来自中国、美国、加拿大、德国、意大利、以色列、印度、丹麦、挪威、墨西哥等。前威斯康星大学阿丹姆教授夫妇一次就资助了7个小学生，并额外给其中一个家里没有任何经济来源的小学生50美元作生活补助；威斯康星大学的学生兰杰和刘畅（音译）夫妇本来不认识杨同海，当听说了他正在做的事情后就毫不犹豫地资助了一个中学生。有一位美国人对杨同海的行动不理解，说他在帮助政府收钱，拒绝了他。他不生气，说以后还会再去找这位美国人，"也许他以后会了解我的行动的"。有一位马里兰的中国同学，不但自己捐款，还帮助他募捐，并且一下子得到了1 000多美元的捐助。第1年，杨同海募集了5 000多美元，其在国内的"宁国市中美爱心教育发展促进会"也在国内接收了6万多元捐款。

　　作为一位数学家，杨同海为得到数学工作者的广泛理解和支持而感到特别骄傲。据统计，有160多位数学系的教授、学生和毕业生为这个基金会捐了款，其中大约有三分之一的人完全没有中国人的血统。我特别想提到的是香港科技大学数学系主任励建书教授，他和夫人赞助一名学生从高中一直到大学。同时他们还赞助了若干名中学生。现在在加拿大的阿丹姆教授和夫人自2004年基金会创立以来每年赞助7～8名孩子。还有两名华裔数学家也是每年赞助7～8名孩子。这样的例子有很多，比如来自中国台湾的哥伦比亚大学刘秋菊教授、宾州州立大学数学系柳春教授、明尼苏达大学数学系李天军教授、来自新加坡的加州大学圣迭戈分校数学系的颜维德教授及华盛顿教授也是年年捐款。中国科学院数学与系统科学研究院及晨兴数学中心的田野教授不仅每年捐款给宁国市中美爱心教育发展促进会,还积极鼓励同事和朋友支持这个事业。

有些捐款人现在还在读书,自己的助学金和奖学金都很有限,但还是长期拿出一部分资金捐给这个基金会。美国人强森先生是威斯康星大学数学系的一名在读博士生,他用自己微薄的助教(TA)收入资助了 6 名孩子。2010 年他还和杨同海一起亲自到宁国市去看望了接受资助的孩子们(如图 15.7)。在两天时间里,他们

图 15.7   杨同海教授和美国博士强森在宁国市走访贫困学
生/杨同海

走访了这些学生所在的 5 所学校和他们的家庭。纽约州立大学布法罗分校数学系的研究生谭芳娅每月从助教助学金里拿出 20 美元来捐给基金会。很多刚毕业的中外学者积极捐款支持这个事业。比如从威斯康星大学数学系获得博士学位的一位美国人到华尔街工作后，每年捐款 1 000 美元，不留姓名，最近更一次捐出 5 000 美元。杨同海告诉我，由于大多数人都是他所不认识的，所以他在更多的时候无法判断他们是不是数学家或数学工作者。就在我写这篇文章的时候，又有一笔 2 500 美元的匿名捐款到了基金会的账号下。其实，是不是数学家并没有关系，他们共同拥有的是一颗无私的爱心。特别让人感动的是一位 86 岁的在美养老院的老人一帮一资助一名高中生，并常写信鼓励这位高中生。老人的儿子是一位数学家，他也每年捐款给基金会。

很难想象如果没有夫人的全力支持的话，杨同海能把这个慈善事业搞得这么大。事实上，他的夫人为基金会的成立和日常琐碎事务做了很多事情。但是她不愿意我在本文里写她，我只能将她一带而过。

不仅他的夫人，杨同海的全家都参与到这个基金会中。他的儿子彼得是一名小乒乓球运动员，每年杨同海都要带他到美国各地去参加比赛。在比赛期间，他们父子也都是抓住机会宣传这个基金会。为参加比赛，彼得要自己出旅费、住宿费和报名费。但是当彼得赢得奖金的时候，他都把一半奖金 50 美元拿出来捐给爸爸的基金会。这几乎是基金会给小学生 1 年的资助了（小学生 60～80 美元，初中生 100 美元，高中生 200 美元）。彼得还每年用零用钱资助一名小学生。

杨同海利用暑假回国探亲的机会，亲自到宁国市下面的一些村子里去看望穷困学生，了解他们的需要。杨同海从来不要求他们感恩，而只是鼓励他们把学业进行下去，树立生活的信心。现在，他们的资助流程是这样的：首先由学生填表，班主任及另一位老师签字确认，然后由学校申报。他们确认后就进行资助。每年分两次进行资助，每学期资助一半。资助款主要用于资助学生的书本费，如有剩余再发给学生作为生活补贴。中美爱心教育发展促进会是由宁国市民政局正式批准的一个慈善组织，每年的账目民政局都会检查并都公开。在这里我们还应该再提及杨同海的老同学胡寄宁及其他志愿者。他们 7 年来勤勤恳恳、专心致志，认真操办着宁国市中美爱心教育发展促进会的工作。他们在小事上也从不放松，小心谨慎，保证各项工作顺利进行，准确无误，把每一分钱都用于确实需要的贫困学生，以对得起好心的捐款人。他们的敬业精神已获得越来越多的信任、认可和支持。现在每年国内个人直接捐给贫困学生的金额达 30 多万元。特别是由南京市周铁军先生发动组织的"南京情"每年都会一帮一资助 200 多贫困学生。此外周铁军和一些朋友还出资帮助宁国市一些中学建图书馆和校舍。因为相信中美爱心教育发展促进会，捐资也是通过中美爱心教育发展促进会而不是政府机构。一些外地的有心人想资助宁国市学生，他们找到当地政府，最后也常被推荐到宁国市中美爱心教育发展促进会。因为中美爱心教育发展促进会是一个独立的机构，资金来自个人捐款，老师和受资助学生都非常珍惜。有些学生在经济好转后就主动向老师提出放弃资助。胡寄宁和杨同海都有一个共同的信念：认真把小事做好，对得起好心捐款人，才能长期得到捐资人的信任，把这件好事长期办下去。

2014 年，他的家乡教育基金会共收到来自 544 个个人和家庭

图 **15.8** 于慧生于 1994 年，2008～2009 年上 8 年级。他的爸爸做
了两次手术，已不能干重活。她的妈妈有点傻。全家无
收入，靠政府低保过日子。/杨同海

的捐款 10 万美元。家乡教育基金会和宁国市中美爱心教育发展促
进会一起资助了 3 个县市的近 800 多名贫困中小学生及 72 名大学
生(自中小学开始)。这 3 个县市是安徽省宁国市(县)(2004)、安
徽省金寨县(高中，大学，2012)和山西省榆社县(高中，大学，

2008）。从 2008 年起，家乡教育基金会开始资助山西省榆社县高中 30 多名贫困高中生。杨同海希望能得到更多捐款和支持，从而可以资助更多的贫困学生。为此，他还要继续给朋友们打电话，给不认识的人写电子邮件。为了写本章内容，我要求他提供一张与学术有关的照片和一张与基金会有关的照片。结果他一下子发来了 6 张照片，却都是他在宁国市乡下与学生的照片。他说，如果不是为了扩大基金会的影响，他根本就会反对我写这篇文章。在他的网站上还有许多类似的照片。许多人就是到杨同海网站上寻找他的论文时，打开他的基金会的网站后，深深地被他的奉献精神感动而主动捐款的。

3. 经历双肾衰竭

2004 年底，杨同海被医生诊断双肾衰竭，90％已经坏死。肾脏移植是唯一的出路。好在在美国，医疗保险能为他承担绝大部分开销，生命一时没有危险。杨同海可以选择病休，但这样他的收入就会成为很大的问题。作为家里的主要经济来源，他必须继续工作。数学系的领导和同事对他很照顾，一方面给他安排最轻的工作，另一方面他的课由同事们代课。不幸中的万幸，他在半年后就在美国捐肾志愿组织的帮助下得到了肾源，手术也取得了成功。这次经历，他学到了很多，对器官移植的状况有了深入的了解。他在自己的个人网页上写道：

"我是一名肾脏移植接受者。一位在 7 月去世的匿名捐献者给了我新生，使得我能够去享受生活和做我乐于去做的事情。这真的是一个生活体验的转变。不幸的是，很多人由于器官捐献的缺乏而一直在等待这样的机会。其实，器官捐献和骨髓捐献是相当简单的事情。你只要在自己的身份证（比如驾照）上贴上器官/骨髓捐献的不干胶并告诉你的家人你的决定就可以了。这真的能挽救生命并使受益人过上好日子。"

　　杨同海就是这样在生病的时候都是在为别人着想。在经过一段时间的疗养之后，杨同海又可以正常工作了。在生病期间，他的科研被迫全面停了下来，原来应北京师范大学张英伯和刘春雷教授的邀请到北京师范大学访问的计划也泡了汤。但是他不想让自己的病影响基金会的工作，因为"中国的那些孩子们太需要得到帮助了"，而到这个时候，这个基金会仍一直是他和他的家人在维持。当他得到了医生的诊断后，他通过电子邮件把病情告诉了捐款的人们，他希望基金会能够继续下去。这个时候，他的邻居和捐款人李驰先生站了出来，他把日常工作都接了过去。2009 年夏天，威斯康星大学赵柄智同学把基金会的网站重新设计，让其面貌一新。杨同海说："真的是好人多啊！我一生都是在遇到好人。我也要全心回报社会的厚爱。"

　　这就是杨同海，在数学事业上一步一个脚印，一步上一个台阶，取得了令人瞩目的成就；在公益事业上，他做出了人人都可以做到但常人难以想象的事情。在他的心中，家庭、事业和爱心是他的 3 个支点。而他成功地把三者精彩地融为一体。这就是我要告诉读者的一名优秀数学家的传奇人生。

　　最后，如果你读完本章内容后希望更多地了解"家乡教育基金会"，请访问他们的网站：（美国）家乡教育基金（Hometown Education Fundation）www. hometowneducation. org 和宁国市中美爱心教育发展促进会 www. loveedu. org. cn。

参考文献

1. 杨同海个人网页. http://www. math. wisc. edu/~thyang.

2. 家乡教育基金网页. http://www. hometowneducation. org.

3. 王永晖. 杨同海的数学印象. http://blog. sciencenet. cn/home. php? mod＝space&uid＝45143&do＝blog&quickforward＝1&id＝694071&mType＝Group&from＝androidqq.

4. 王永晖，刘文新，王赫楠. 杨同海教授访谈录. 中国数学会通讯. 2009 年第一期.

5. 石泽凤. 杨同海单纯做人，沉静做学问. 中安在线. 2010 年 3 月 5 日.

6. T. Yang. Cusp forms of weight 1 associated to the Fermat curves, Duke Math. J., 1996(83): 141-156.

7. T. Yang. Theta liftings and Hecke L-functions, J. Reine Angew. Math., 1997(485): 25-53.

8. T. Yang. Eigenfun ctions of Weil representation of unitary groups of one variable, Trans. AMS, 1998(350): 2 393-2 407.

9. S. Miller and T. Yang. Nonvanishing of the central derivative of canonical Hecke L-functions, with applications to the ranks and Shafarevich-Tate groups of Q-curves. Math. Res. Letters, 2000(7): 263-277.

10. S. Kudla, M. Rapoport and T. Yang. On the derivative of an Eisenstein series of weight one, Intern. Math. Res. Notices, 1999(7): 347-385.

11. T. Yang. An explicit formula for local densities of quadratic forms , J. number theory, 1998(72): 309-356.

人名索引

A

阿贝尔（Niels Henrik Abel，1802—1829）　§ 0，§ 11

阿丹姆（Aljandro Adem）　§ 15.2

阿仁斯道夫（Richard Arenstorf，1929—2014）　§ 0，§ 1

阿基米德（Archimedes，约前 287—前 212）　§ 12.1，§ 12.3

阿姆斯特朗（Neil Alden Armstrong，1930—2012）　§ 1

阿斯顿（Paul Ashdown）　§ 5.5

埃尔特希（Paul Erdös，1913—1996，又译为保罗·爱多士）　§ 11

埃里克·德尔曼（Erik Demaine，1981— ）　§ 10.5，§ 10.6，
　　§ 10.7，§ 10.8

艾达·拜伦（Ada Augusta Byron，1815—1882，原名奥古斯塔）　§ 2.4

艾迪·纳什（Eddie Nash）　§ 3.3

爱米·诺特（Emmy Noether，1882—1935）　§ 8.2，§ 11，§ 4.3

爱因斯坦（Albert Einstein，1879—1955）　§ 0，§ 8.0，§ 8.1，§ 8.2，
　　§ 8.3，§ 8.4，§ 8.5

奥尔德林（Buzz Aldrin，1930— ）　§ 1

奥卡姆的威廉（William of Ockham，约 1285—1349）　§ 4.2

奥维尔·莱特（Orville Wright，1871—1948）　§ 5.1

B

巴贝奇（Charles Babbage，1791—1871）　§ 2.1，§ 2.2，§ 2.3，§ 2.4

C

D

H

哈代（Godfrey Harold Hardy，1877—1947） §4.2，§11

哈尔莫斯（Paul Halmos，1916—2006） §12.9，§13

哈夫曼（David A. Huffman，1925—1999） §10.7

哈瓦德（Ben Howard） §15.1

海明威（Ernest Miller Hemingway，1899—1961） §12.0

花拉子米（Mohammed ibn Musa al—Khwarizmi，约783—850） §3.2

霍尔（Sir Charles Antony Richard Hoare，1934— ）） §0，§3.0，
　　§3.1，§3.2，§3.3，§3.4，§4.4，§5.4，§7.2

霍尔顿（Horton） §2.1

J

吉布森（William Ford Gibson，1948— ） §2.3

吉泽章（1911—2005） §10.2

加克（Harald Garcke） §9.4

加利文（Britney Gallivan，1985— ） §10.2，§10.3，§10.5

蒋硕民（1913—1992） §13

基姆（Byoung Du Kim） §15.1

K

卡罗尔（Andrew Carol） §2.4

卡斯帕（Helmut Caspar） §8.2

凯尔豪（Baltazar Mathias Keilhau，1797—1858） §11

凯斯特纳（Abraham Gotthelf Kaestner，1719—1800） §12.5

康托洛维奇（Leonid Kantorovich，1912—1986） §6.2

考林（Michael Cowling，1949— ） §14

柯尔莫哥洛夫（Andreyii Nikolaevich Kolmogorov，1903—1987）　§ 3.1

柯帕拉（Andy Kopra）　§ 5.5

科尔梅（Pierre Colmez）　§ 15.1

科沃瘳苏（Orest Khvolson，1852—1934）　§ 8.3

克拉佩龙（Benoît Paul Émile Clapeyron，1799—1864）　§ 9.2，§ 9.3

克莱布什（Rudolf Friedrich Alfred Clebsch，1833—1872）　§ 12.9

克莱斯特尔（George Chrystal，1851—1911）　§ 4.3

克莱因（Felix Christian Klein，1849—1925）§ 12.9

克里斯托费尔（Elwin Christoffel，1829—1900）　§ 8.2

肯普（Christine Kemp，1804—1862）　§ 11

孔采维奇（Maxim Kontsevich，1964—　）　§ 14

库得拉（Stephen S. Kudla，1950—　）　§ 15.1

库矢茨（Duks Koschitz）　§ 10.7

L

拉格朗日（Joseph—Louis Lagrange，1736—1813）　§ 1

拉利·华盛顿（Larry Washington）　§ 15.1，§ 15.2

拉梅（Gabriel Lamé，1795—1870）　§ 4.4，§ 9.2，§ 9.3

拉普珀特（Michael Rapoport）　§ 15.1

莱布尼茨（Gottfried Wilhelm Leibniz，1646—1716）　§ 11，§ 12.4

莱丝莉·福克斯（Leslie Fox，1918—1992）　§ 3.1

兰顿（Christopher Langton，1948—　）　§ 5.3

劳特（K. Lauter）　§ 15.1

勒皮纳斯（Mlle de Lespinasse，又译为莱斯皮纳斯）　§ 11

雷诺尔兹（Craig W. Reynolds，1953—　）　§ 5.2，§ 5.3，§ 5.5

理查德·泰勒（Richard Taylor，1962—　）　§ 14

李林塔尔（Otto Lilienthal）　§ 5.1

M

N

O

P

Y

Z

【附录】数学都知道，你也应知道

"数学都知道"作为第一著者在科学网博客的一个专栏是从转摘奇客(Solidot)的几篇数学报道开始的。奇客是"ZDNet 中国"旗下的科技资讯网站，主要面对开源自由软件和关心科技资讯的读者，包括众多中国开源软件的开发者、爱好者和布道者。它发布的数学消息虽不多，但特别能跟上时代的步伐，而似乎很多数学爱好者并不知道。于是，第一著者决定把它的数学消息转摘到博客里，为数学传播略尽绵薄之力。为了建立一个自成品牌的系列博文专栏，特意选择"数学都知道"作为标题，一来这个词组从未有人使用过，二来它兼有"数学"和"传播"两种意味，恰恰符合著者的初衷，可以说"数学都知道"有一定的自身特色，也带有强烈的使命感。

"数学都知道"尽量收集互联网上最新的有关数学的信息。从开始只有文字表述，到后来增加了插图，再后来又开始收入科学网博客里的数学博文，信息量随之增大。从 2010 年 4 月 5 日起，每个月至少出一期。这个专栏其实相当于一份电子期刊，收录国内外中英文网站、博客、微博、论坛上的数学科普文章，精心编辑刊首语、题目、摘要、图片。对于国内的一些读者，考虑到语言可能是一个屏障，所以会给出一些英文文章的中文说明，引导读者去阅读。每一篇文章亦都有链接，可以使读者看到全文。特别要提醒大家的是，虽然有些网页不能打开，但是只要能打开的，一定要在那个网站上多浏览一番，应该能发现很多有益的内容。

　　这个专栏推出之后，一直受到读者的鼓励与好评，科学网编辑也注意到了这个专栏，后来几乎每期都加精，甚至置顶，看到的人越来越多，喜欢它的人也越来越多，着实令著者欣慰。当然由于是著者个人自发的行为，时间和精力又都很有限，有时难免会有一些不该收录进去的条目。在此，非常感谢热心读者提出的宝贵建议和意见！同时也提醒读者朋友们在阅读"数学都知道"时也要注意识别信息，选取对自己有用的资讯。总之，衷心希望"数学都知道"能够带给读者朋友们一丝收获和帮助！下面摘录一些过去在"数学都知道"专栏里收集过的条目，使那些从未接触过它的读者感受一下它的内容。希望那些对数学应用感兴趣的读者到科学网继续跟踪这个专栏。

【美国数学联合会】数学宝藏：文策尔·雅姆尼策的柏拉图立体

http://www.maa.org/publications/periodicals/convergence/mathematical-treasure-wenzel-jamnitzers-platonic-solids

Wenzel Jamnitzer

Perspectiva Corporum Regularium，出版于 1568 年，是文艺复兴时期最迷人的数学书之一。其作者是文策尔·雅姆尼策（Wenzel Jamnitzer，1508-1585），著名的纽伦堡金匠、设计师和科学仪器的发明者。在对 5 个柏拉图立体的研究中，雅姆尼策创作出 120 个变形，每个方体有 24 个变体。

【Erica Klarreich】数学把你从嫉妒中解放出来

http://nautil.us/issue/13/symmetry/math-shall-set-you-freefrom-envy

一对儿小情侣看上了一个波士顿的房子，但他们的父母警告他们，他们还没有结婚，不受已婚夫妇才能得到的法律的保护。作为"分权共有人"，一旦他们的关系破裂，其中一方可以把自己的份额出租或出卖。可这跟数学有什么关系呢？

【卫报】镶嵌成为世界时装界的一种时髦

http://www.theguardian.com/science/alexs-adventures-in-numberland/2014/may/01/tesselation-mutts-nuts-fashion-world-sam-kerr

续表

这类画本来是埃舍尔的专利吧？但现在已经被时装界看上了。其实我们每个人都可以做出类似的图案。平面镶嵌是美国中学几何课本里的一章。

【连线】为什么汽车里的气球是向前的？

http：// www. wired. com/2014/04/why-does-the-balloon-move-forward-in-an-accelerating-car/

当一辆汽车起动时，在汽车里的摆会向后飞。这是因为摆的惯性。那么当一辆汽车起动时，在汽车里的气球是向前还是向后？为什么？可以从气球偏移的角度得出汽车的加速度吗？

【Math Munch】切空间和人体器官匹配

http：// mathmunch. org/2014/04/30/tangent-spaces-transplant-matches-and-golyhedra/Tilman Gentry & Segev

Tilman

Gentry & Segev

Lawrie Cape 的切空间是一个漂亮的数学图片网站，点击任何一张图，都可看到它是如何生成的。更有趣的是，这些图片都可以与你互动。
Dorry Segev 和 Sommer Gentry，一个是医生，一个是数学家，一对舞伴，一对夫妇。他们合作建立了一个帮助病人得到肾脏移植的系统 optimizedmatch. com。这里有一个视频详细介绍了他们的工作。里面的数学是什么？运筹学和图论。

【维基百科】自由软件 Maxima

http：// zh. wikipedia. org/zh-cn/Maxima

Wikipedia

Maxima 是一种用 LISP 编写的计算机代数系统（Computer Algebra System），用于公式推导和符号计算，它是一套自由软件，在 GNU 通用公共许可证下发行。

【卫报】50 个图片告诉你数学在你身边

http：// www. fastcocreate. com/3030681/see-math-come-to-life-in-50-trippy-visuals Imperial College

续表

Imperial College

建会 50 周年的英国数学及其应用学会（IMA）出了一本新书"数学的 50 个视角"（50 Visions of Mathematics），用 50 篇短文展示了数学的广泛应用。这里有 50 幅图片。

【DataGenetics】城铁的新数学

http：// www. theatlantic. com/technology/archive/2014/05/the-new-math-of-subways/371029/

城市交通系统是一个混乱、难以跟踪的事情。尽管有规划调查和数据汇总的提高，但运营城市公交的人员仍很难确切地、定量地、格式化地知道系统中发生了什么。前 Google 员工诗娃·席瓦库玛和斯坦福大学计算机科学教授巴拉吉·普拉巴卡尔创立了 UrbanEngines，用数学从人进入和退出系统的实时状态来推断一个运输系统。

【科学美国人】没有比超立方体猴子更有趣的了

http：// blogs. scientificamerican. com/roots-of-unity/2014/05/19/a-hypercube-of-monkeys-quaternion-group/

猴子！数学上的群！4 维几何！终于联系到一起了！"比超立方体猴子更有趣"是这个（动态）雕塑的名字。一些 4 维空间中的"超立方体猴子"在不停地玩耍。它提出了未解决的问题：4 元群在一个实物的对称群中出现过吗？2014 年，数学家 Henry Segerman 和音乐数学家 Vi Hart 给出了答案：没有。

【Math For Love】一个新的儿童数学游戏：Primo

https：// www. kickstarter. com/projects/343941773/primo-the-beautiful-colorful-mathematical-board-ga Prime Climb

Prime Climb

设计者认为 Primo（新名字：Prime Climb）是一个革命性的新棋盘游戏，它会让儿童对数学上瘾。2～4 个 10 多岁儿童参加游戏，他们从螺线的最外面开始，抛出两次骰子，然后做加减乘除，看谁最先到达中心。这里每个小圆圈以素数分解配以颜色，大于 10 的素数都是红色。它们都有特殊的意义。

续表

【高德纳】给高德纳的 50 个问题
http：// www. informit. com/articles/article. aspx？ p＝2213858
高德纳是著名计算机科学家，斯坦福大学计算机系荣誉退休教授。1974年图灵奖得主。为祝贺高德纳的《计算机程序设计艺术》出版，50 位专家向他提出了 50 个问题。这里是他的答复。
【高德纳】歌曲的复杂性
http： // www. cs. utexas. edu/users/arvindn/misc/knuth ＿ song ＿ complexity. pdf
这是高德纳的一篇论文。目的是说明流行歌曲的重要性可以用现代的计算复杂度理论来理解。
【实验仪器网】数学家研究眼泪的动力学
http： // www. laboratoryequipment. com/news/2014/05/mathematician-studies-dynamics-tears Wikimedia
Wikimedia　　罗彻斯特理工学院的 Kara Maki 研究眼泪运动和挥发的动力学原理。她在一个模拟眼睛的空间区域里建立了眼泪模型。对于干眼症的治疗可能有一天会来自计算机模拟眼泪在眼睛表面移动的方式。
【Scott McKinney】密码学与数论
http：//www. science4all. org/scottmckinney/cryptography-and-number-theory/
网络安全给安全提出了新的挑战。让我们看看数学上一些意外的发现是如何使网上安全交易成为可能的。数学中一些关于素数、费马小定理和称为 RSA 的加密方案都是典型的大学数学课程中等水平的课程，现在花几个小时就能明白。
【美国数学会】永恒 II 谜题：仍然未解决
http：// blogs. ams. org/mathgradblog/2014/06/01/eternity-ii-puzzle-unsolved/
"永恒谜题"(Eternity puzzle)是 1999 年由克里斯托弗·蒙克顿提出的一个平铺难题(Tiling puzzle)。结果 2000 年就被解决了。这似乎有些令人意外，因为估计有 10 500 种组合，都试一遍要一生一世也不够。2007年，"永恒 II 谜题"被提出，至今未解。

续表

【Richard Green】怪物 24 与量子引力

https：//plus.google.com/101584889282878921052/posts/9sKMLRJYjna

心里想好一个不是 2 或 3 的素数。将其本身自我相乘，然后减去 1，其结果是 24 的倍数。这个观察可能出于一个好奇心，但它就像是冰山一角，具有数学和物理等领域的深远联系。

【Christopher Wellons】解沃罗诺伊图的 GPU 方法

http：//nullprogram.com/blog/2014/06/01/ wikipedia

wikipedia

沃罗诺伊图(也称作狄利克雷镶嵌)是由俄国数学家沃罗诺伊建立的空间分割算法。灵感来源于笛卡儿用凸域分割空间的思想。在几何、晶体学、建筑学、地理学、气象学和信息系统等许多领域有广泛的应用。它的算法都比较复杂，但如果仅仅显示对它感兴趣的话，算法可以简化。

【Muntasir Raihan Rahman】分布计算中的拓扑方法之调查

https：://www.ideals.illinois.edu/bitstream/handle/2142/33762/top_dc.pdf

近年来分布式计算理论中最令人振奋的发展之一就是从拓扑结构概念来证明弹性分布式系统中有关可计算性的应用。事实证明，这些特殊对象的高维连通性都关系到一定的分布式计算任务的可解性。

【美国数学会】一个彭罗斯平铺的图案等价同调

http：// blogs.ams.org/visualinsight/2014/05/15/pattern-equivariant-homology-of-a-penrose-tiling/

彭罗斯风筝和飞镖是一对瓦片，可用于创建平面的非周期性拼砖。风筝是一个四边形的，4 内角分别是 72°，72°，72°和 144°的四边形，飞镖是一个 4 内角分别是 36°，72°，36°和 216°的非凸四边形。

【美国数学会】走向实例和证明之间的平衡

http：// blogs.ams.org/matheducation/2014/06/10/striking-the-balance-between-examples-and-proof/

用几个例子是代替不了证明的。数学老师都会努力让学生们明白这一点。但总是强调这一点是否会降低学生对实例在证明中的作用？

续表

【Quartz】没有高中毕业的斯蒂芬·沃尔夫勒姆给应届高中毕业生的忠告
http：// qz. com/218701/stephen-wolfram-who-never-finished-high-school-has-some-great-advice-for-those-who-just-did/
斯蒂芬·沃尔夫勒姆参加了他有生以来第一次高中毕业典礼。他从来没有正式完成高中学业，在 20 岁时获得了加州理工学院粒子物理学博士，并在 21 岁获得了麦克阿瑟天才奖。他接着建立 Mathematica（一个非常成功的计算软件）和自然语言搜索工具 Wolfram Alpha。在斯坦福在线高中（Stanford Online High School）的毕业演讲中，他给学生讲了如何取得成功。他的一个孩子正在这所学校就读。他讲的是如何找到你值得花费毕生精力的项目的策略。
【西蒙斯基金会】一个没有博士学位的"反叛者"
http：// www. simonsfoundation. org/quanta/20140326-a-rebel-without-a-ph-d/
弗里曼·戴森（Freeman Dyson），美籍英裔数学物理学家，普林斯顿高等研究院教授。他证明了施温格和朝永振一郎发展的变分法方法和费曼的路径积分法的等价性，为量子电动力学的建立做出了决定性的贡献。戴森正在思考新的问题。"不是一个喜欢拣大问题的人。我寻找谜题。我寻找我能解决的有意思的问题。"
【Daniel Gauss】画廊里的模糊几何学
http：// artgallerystuff. blogspot. com/2014/06/fuzzy-geometry-at-kim-foster-gallery-by. html Daniel Gauss
Daniel Gauss	Daniel Gauss 有可能是数学王子高斯的后代。他似乎对几何很感兴趣，不过这是一个他从未听说过的几何学：模糊几何学。这是加拿大艺术家 Sydney Blum 的一个画展："Fuzzy Geometry"。原来数学上还真的有这么一个模糊几何学，1971 年由 Tim Poston 提出。
【Jos Leys】多伊尔螺旋
http：// www. josleys. com/show _ gallery. php？ galid＝265 Jos Leys
Jos Leys	如果你喜欢这张图片，那就进来看看多伊尔螺旋的世界吧。同时不要错过里面的一篇文章："六角形圆圈包装和多伊尔螺旋"。注意还有更多的美图。

续表

【多伦多星报】你唯一需要的是数学

http：//www.thestar.com/news/gta/2014/06/20/ideacity_2014_all_you_need_is_math.html

Jos Leys

达尔豪西大学(Dalhousie University)的数学教授贾森·布朗（Jason Brown）介绍，数学是如何让披头士乐队的音乐一炮打响。

【Electric Handle Slide】一个低维几何博客

http：//electrichandleslide.wordpress.com/

这是一个由一群研究低维几何的数学家建立的博客。他们邀请有共同兴趣的数学家加入他们的博客。我个人觉得这是一个很好的办法。每个人都没有太多的时间，但大家聚集到一起就是一个很好的群体。

【美国国家标准局】新数学技术提高原子属性预测到了历史最高准确度

http：//nist.gov/itl/math/math-062514.cfm

利用数学和超级计算机，美国国家标准局的研究人员开发了一个新的计算原子的基本性质的工具。在很多情况下，误差改进了上千倍。

【美国数学会】萨勒诺的 11

http：//blogs.ams.org/phdplus/2014/06/25/salernos-eleven/

这个标题源于电影《十一罗汉》。电影中的主角和他的 11 个伙伴计划抢劫拉斯维加斯 3 个赌场。萨勒诺是作者的名字。本文谈数学家之间的合作。

【Brian】混沌和双摆

http：//fouriestseries.tumblr.com/post/86253333743/chaos-and-the-double-pendulum

混沌系统是指那些极其微小差别的初始条件导致以后发展出完全不同的系统。但是必须区分混沌系统与随机系统的。这里是一个混沌系统的例子。打开此网页可以看到两个动态的摆，右图中的蓝摆初始起点从正 x-轴向上转了 1 弧度(大约 57.3°)，结果大不相同。

续表

【爱尔兰时报】优秀证明的深刻美
http：//www.irishtimes.com/news/science/the-profound-beauty-of-a-good-proof-1.1852910
英国诗人约翰·济慈曾说过"美是真理，真理是美"。数学定理都是永久的真理，而最优秀的证明是那些具有深刻之美的。位于爱尔兰基尔肯尼的国家工艺美术馆里举办了一个展览：美是第一检验 。
【科学新闻】一个数学中最抽象的领域找到了"真实"世界里的应用
https：//www.sciencenews.org/article/one-most-abstract-fields-math-finds-application-real-world
纯数学家们有时会遇到一个尴尬的问题：你搞的东西有什么用？有些人会说"没用"，另一些人会说："总有一天会看到用途"。范畴论就属于后者。
【Olympia Nicodemi】伽利略和亚里士多德的车轮
http：//scholarship.claremont.edu/cgi/viewcontent.cgi? article=1104&context.cgi? article=1104&context=jhmwikipedia
 Wikipedia 在伽利略最后的主要工作中，先考虑了一个古老的悖论，亚里士多德车轮。伽利略把他的模型用于自由落体的研究。本文也分析了为什么他的观点不被接受的原因。
【calcudoku.org】10个最难的逻辑/数字谜
http：//www.calcudoku.org/hardest_logic_number_puzzles/
它们是：1.最难的数独；2.最难的逻辑题；3.最难的杀手数独；4.最难的邦加德问题；5.最难的算独；6.最难的Ponder this谜；7.最难的数谜；8.马丁·加德纳的最难题；9.最难的围棋；10.最难的Fill-a-Pix谜。
【耶鲁大学】为建脸书模型而产生出解决一个著名数学问题关键思想并由此获奖
http：//news.yale.edu/2014/07/07/effort-model-facebook-yields-key-famous-math-problem-and-prize

续表

耶鲁计算机科学家丹·斯匹尔曼（Dan Spielman）一直在研究像脸书（Facebook）那样的网络社交的特性。结果解决了一个数学难题"Kadison-Singer 问题"。
【耶鲁大学】伪球面
http：//www.rudyrucker.com/blog/2009/08/28/pseudospheres/Wikipedia

Wikipedia

IBM 数学家柯利弗德·皮寇弗（Clifford Pickover）写了一本书"The Math Book"，里面有很多是整页的图片。作者说他的目标是让读者在短时间里看到数学的思想。其中一个图片就是呼吸子伪球面（Breather Pseudosphere）。

【科学美国人】沃埃沃斯基的数学革命

http：//　blogs.scientificamerican.com/guest-blog/2013/10/01/voevodskys-mathematical-revolution/　wikipedia

Wikipedia

菲尔兹奖获得者俄罗斯数学家沃埃沃斯基（Vladimir Voevodsky）在 2013 年做了一次演讲。数学家们的生活将发生变化。他们会坐在计算机前，让计算机来证明定理。他们将开始自由地合作。数学的基础已经不同。